高职高专"十二五"规划教材

电 工 基 础

主　编　王丽霞　刘　霞

副主编　王晓燕　郝　红

　　　　孙学宾　邓效昆

北　京

冶金工业出版社

2020

内 容 提 要

本书内容包括：电路的基本概念和基本定律、直流电阻电路的分析、单相正弦交流电路、电路的暂态分析、三相交流电路、互感耦合电路和磁路基本概念和基本定律、电工测量技术等。

本书基本内容突出实用性，以必需、够用为度，可作为高等职业院校电气自动化、机电一体化等电类专业教学用书，也可作为各类成人高等专科院校电类专业培训教材以及从事电子技术的工程技术人员的参考用书。

图书在版编目(CIP)数据

电工基础／王丽霞，刘霞主编 . —北京：冶金工业出版社，2012.7（2020.2 重印）

高职高专"十二五"规划教材

ISBN 978-7-5024-6004-4

Ⅰ.①电…　Ⅱ.①王…　②刘…　Ⅲ.①电工学—高等职业教育—教材　Ⅳ.①TM1

中国版本图书馆 CIP 数据核字(2012)第 166943 号

出版人　陈玉千
地　　址　北京市东城区嵩祝院北巷 39 号　邮编　100009　电话　(010)64027926
网　　址　www.cnmip.com.cn　电子信箱　yjcbs@cnmip.com.cn
责任编辑　郭冬艳　美术编辑　彭子赫　版式设计　葛新霞
责任校对　石　静　责任印制　李玉山
ISBN 978-7-5024-6004-4
冶金工业出版社出版发行；各地新华书店经销；北京虎彩文化传播有限公司印刷
2012 年 7 月第 1 版，2020 年 2 月第 5 次印刷
787mm×1092mm　1/16；10.75 印张；256 千字；160 页
25.00 元

冶金工业出版社　投稿电话　(010)64027932　投稿信箱　tougao@cnmip.com.cn
冶金工业出版社营销中心　电话　(010)64044283　传真　(010)64027893
冶金工业出版社天猫旗舰店　yjgycbs.tmall.com
（本书如有印装质量问题，本社营销中心负责退换）

前　言

　　《电工基础》是电类各专业的一门非常重要的专业基础课。本书根据当前教育部高职高专的教学改革精神，以培养高素质和高技能型专门人才为目标，以职业能力培养为主线，突出实际应用，本着"基本理论够用为度，基本技能贯穿始终"的原则编写。

　　本书的编写具有如下几个突出的特点：

　　（1）结合高职高专教育的特点，教材侧重于基本知识的讲解与应用。教材的编写侧重于基本技能培养的要求，省略了繁杂的数学推导与计算，简明扼要地阐述电工基础的知识要点，力求做到简明扼要、层次分明、重点突出。

　　（2）教材中增加了知识扩展内容，扩大学生的知识面，提高学生自学的积极性和再学习的能力。教材中增加了技能训练，技能训练项目紧密配合教学内容，同时又扩展了教学内容。通过技能训练，能及时、有效地将理论知识转化为实际操作技能，缩小理论与实际的差距，强化学生动手能力的培养。

　　（3）将电工测量技术的相关内容融入到教材当中，理论联系实际，培养学生分析、解决实际问题的能力。

　　（4）贯彻国家中、高级维修电工职业技能标准和鉴定规范要求，将相关的内容融入到教材当中，为学生顺利获取相关职业技术等级证书奠定基础。

　　本书共有七章，第一章、第二章由郝红老师编写；第三章由王晓燕老师编写；第四章、第五章由刘霞老师编写；第六章、第七章由王丽霞老师编写。本书的每一章都有引入式的概述总结，使知识上下连贯，每章末有小结和习题供学生练习使用。

　　在教材的编写过程中，查阅和参考了一些书籍，得到了许多启示，在此向参考书籍的作者致以诚挚的谢意。

　　由于编者水平有限，书中难免有纰漏和不妥之处，敬请读者予以批评指正。

编　者

2012 年 5 月

目　录

第一章 电路的基本概念与基本定律

内容提要：本章主要介绍电路的组成和电路模型；电路的基本物理量、电流、电压、电功率等；基本电路元件：电阻、电感、电容、电压源、电流源等；重点讲解电压源与电流源的特点和等效变换，介绍电阻的串、并联及无源网络的等效化简；应用欧姆定律和基尔霍夫定律等基本定律对直流电路进行基本的分析。

电工基础是一门专业基础课，学好这门课可以为专业课的学习打下良好的基础。本章主要讨论电路模型、电路的基本物理量、电路元件，引入了电流与电压的参考方向以及应用欧姆定律和基尔霍夫定律等基本定律对直流电路进行基本的分析。

第一节 实际电路与电路模型

一、电路的组成和功能

电路是由若干电气设备或元器件按一定方式用导线连接而成的电流通路。在电力系统、自动控制、计算机等技术领域中，人们广泛使用各种电路来完成各种各样的任务。例如，可以提供电能的供电电路、信号放大电路、测量所用的仪表电路以及存储信息的存储电路等。其中，手电筒电路是大家所熟悉的一种用来照明的最简单电路，如图 1 - 1 所示。

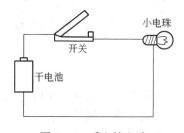

图 1 - 1 手电筒电路

实际电路的结构形式多种多样，繁简不一，但就其组成，主要有三部分：

（1）电源（或信号源）：将其他形式的能量转换为电能的装置，如发电机、干电池、蓄电池等。

（2）负载：取用电能的装置，通常也称为用电器，如白炽灯、电炉、电动机等。

（3）中间环节：传输、控制电能的装置，如连接导线、变压器、开关、保护电器等。

就其功能而言，可以概括为两个方面：

（1）进行能量的传输、分配与转换。例如电力系统中的输配电线路及用户负载构成的系统。

（2）实现信息的传递与处理。例如电话、收音机、电视机等电子电路。

二、电路模型

（一）电路元件

实际电路都是由电池、电阻器、电容器等一些实际元件组成的，其元件的品种繁多。有的元器件主要是消耗电能的，如各种电阻器、电灯、电烙铁等；有的元器件主要是储存磁场能量的，如各种电感线圈；有的元器件主要是储存电场能量的，如各种类型电容器；有的元器件主要是提供电能的，如电池、发电机等。对某一个元器件而言，其电磁性能并不是单一的。例如工频交流电中的电感线圈，它的主要物理特性是储存磁场能，但由于又有内阻，还要把一部分的电能转换为热能，因此它的电磁特性多元而复杂。

为了便于对电路进行分析和计算，通常对实际元器件进行科学的抽象，即在一定的条件下只考虑它的主要电磁性能，忽略次要性能，把它近似地看成一个理想元件。例如，忽略内阻后，电池就可以看成是一个提供恒定电压的恒压源；忽略微小电感，电阻就可以看成一个理想的电阻元件。这种理想化元器件就是实际元器件的模型，简称电路元件。

电路分析中常见的电路元件有电阻元件 R、电感元件 L、电容元件 C、电压源 U_S、电流源 I_S 等，其电路符号如图 1-2 所示。实际的元件也可用几种电路元件的组合来近似地表示。例如，上面提到的电感线圈若只考虑磁场作用可用电感元件来表示；若考虑电阻的作用，则可用电阻元件和电感元件的组合来表示。同时，对电磁性能相近的元器件，也可用同一种电路元件近似地表示。例如，各种电阻器、电灯、电烙铁、电熨斗等，都可用电阻元件来近似表示。

$$
\begin{array}{ccccc}
R & L & C & +\ U_\mathrm{S}\ - & I_\mathrm{S}
\end{array}
$$

电阻 电感 电容 电压源 电流源

图 1-2 常见的电路元件符号

（二）电路模型

由电路元件构成的电路称为电路模型。它是将实际电路中的电气设备和元器件用理想元件及其组合代替而得到的。今后未加特殊说明时，我们所研究的电路均为电路模型。图 1-1 为手电筒电路，其电路模型如图 1-3 所示。

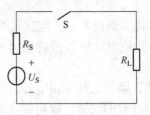

图 1-3 手电筒的电路模型

第二节 电路的主要物理量

一、电流

（一）电流的定义

电荷有规则地定向运动就形成了电流。长期以来，人们习惯上把正电荷运动的方向规定为电流的实际方向。电流的大小用电流强度（简称电流）来表示，电流强度的定义为：单位时间内通过导体横截面的电荷量。工程上常见的电流有两种：一种是大小和方向都不随时间变化的电流，称为直流电流，简称直流（DC），用 I 表示；另一种是大小和方向均随时间周期性变化的电流，称为周期电流，当周期电流在一个周期内的平均值为零时，这样的电流称为交变电流，简称交流（AC），用 i 表示，如图 1 - 4 所示。

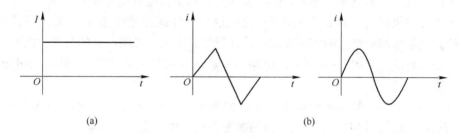

图 1 - 4 几种电流波形

（a）直流；（b）交流

对于直流，若在时间 t 内通过导体横截面的电荷量为 Q，则电流为：

$$I = \frac{Q}{t} \tag{1 - 1}$$

对于交流，若在时间 $\mathrm{d}t$ 内通过导体横截面的电荷量为 $\mathrm{d}q$，则电流的瞬时值为：

$$i = \frac{\mathrm{d}q}{\mathrm{d}t} \tag{1 - 2}$$

在国际单位制中，电流的单位是 A（安培），简称安。当电流很小时，常用单位为毫安（mA）、微安（μA）；当电流很大时，常用单位为千安（kA）。它们之间的换算关系为：

$$1A = 10^3 \mathrm{mA} = 10^6 \mu A$$

（二）电流的参考方向

在简单电路中，如图 1 - 5 所示，根据电源的正负极性可以很容易判断出电流的实际方向：在外电路中，电流由正极流经负载到达电源的负极；而在电源的内电路中，电流由电源的负极经过电源的内部到达正极。但在较为复杂的电路中，如图 1 - 6 所示的桥式电路，当电桥处于不平衡状态时，电阻 R_5 中电流的实际方向究竟是从 a 流向 b 还是从 b 流向 a，有时难以判定。

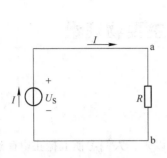

图 1-5　简单电路

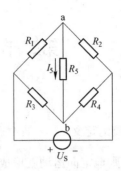

图 1-6　复杂电路

为了分析、计算的需要，引入了电流的参考方向。

在电路分析中，任意选定一个方向作为电流的方向，这个方向就称为电流的参考方向，简称正方向，如图 1-6 中用实线表示的 I_5。当电流的参考方向与实际方向相同时，电流为正值；反之，若电流的参考方向与实际方向相反，则电流为负值。因此，在分析电路以前，首先要假设电流的参考方向（任意假设），然后根据假设的参考方向来计算，最后根据计算结果来判断电流的实际方向：若计算结果为正，说明电流的参考方向与实际方向一致；否则相反。如图 1-6 所示的电路中，若计算结果 $I_5 = -2A$ 说明 R_5 中电流的实际方向是从 b 流向 a。

电流的参考方向一般用实线箭头表示，如图 1-7(a) 所示；也可以用双下标表示，如图 1-7(b) 所示，其中，I_{ab} 表示电流的参考方向是由 a 点指向 b 点。

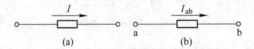

图 1-7　电流参考方向的表示方法

参考方向是分析计算电路的重要概念。在未设定参考方向的情况下，研究电流的正负值是没有意义的。因此，在电路中有了电流的参考方向，再结合计算结果就可以确定出各个支路电流的实际方向。没有特殊说明，以后图中电流的方向都是指参考方向。

二、电压与电位

（一）电压

1. 电压的定义

在电路中用到的另一个基本物理量是电压，也就是电位差，用 U 表示，它是衡量电场力做功的一个物理量。

交流电路中 a、b 两点间电压，在数值上等于将单位正电荷从电路中 a 点移到电路中 b 点时电场力所做的功，用 u_{ab} 表示，即：

$$u_{ab} = \frac{\mathrm{d}W_{ab}}{\mathrm{d}q}$$

$(1-3)$

式中，dW_{ab} 为电场力把正电荷 dq 从电路中 a 点移到电路中 b 点时所做的功。

大小和方向都不随时间变化的电压称为恒定电压，简称直流电压，采用大写字母 U 表示，a、b 两点间的直流电压为：

$$U_{ab} = \frac{W_{ab}}{Q} \qquad (1-4)$$

式中，W_{ab} 为电场力把正电荷 Q 从电路中 a 点移到电路中 b 点时所做的功。

电压的单位为伏特（V），常用的单位为千伏（kV）、毫伏（mV）。它们之间的换算关系为：

$$1kV = 10^3 V = 10^6 mV$$

2. 电压的方向

（1）电压的实际方向。

电压的实际方向规定为从正极指向负极，或者说从高电位端指向低电位端。

（2）电压的参考方向。

与电流一样，分析计算电路时，也要预先假设电压的参考方向。同样，所假设的参考方向并不一定就是电压的实际方向。当电压的参考方向与实际方向相同时，电压为正值，当电压的参考方向与实际方向相反时，电压为负值。这样，根据电压的计算结果结合参考方向就可以判断出电压的实际方向。

电压的参考方向既可以用实线箭头表示，如图 1-8(a) 所示；也可以用正（+）、负（-）极表示，如图 1-8(b) 所示，正极指向负极的方向就是电压的参考方向；还可以用双下标表示，如图 1-8(c) 所示，其中，U_{ab} 表示 a、b 两点间的电压参考方向由 a 指向 b。

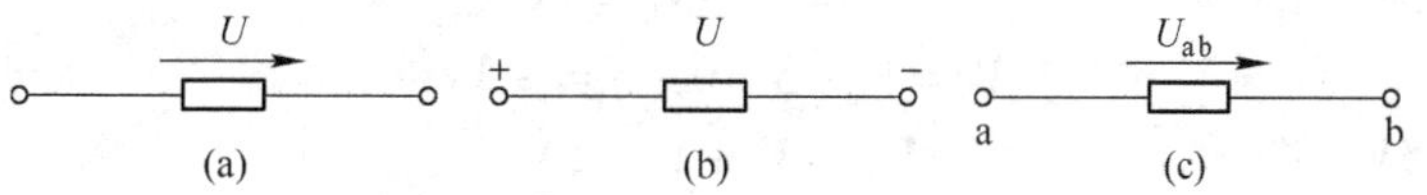

图 1-8　电压参考方向的表示方法

进行电路分析时，对于一个元件来讲，电压参考方向与电流参考方向的选择本是相互独立的，可以任意选取。为了方便起见，通常取相关联的参考方向。如果电流的参考方向与电压的参考方向一致，则称之为关联的参考方向，如图 1-9(a) 所示；如果电流的参考方向与电压的参考方向不一致，则称之为非关联的参考方向，如图 1-9(b) 所示。

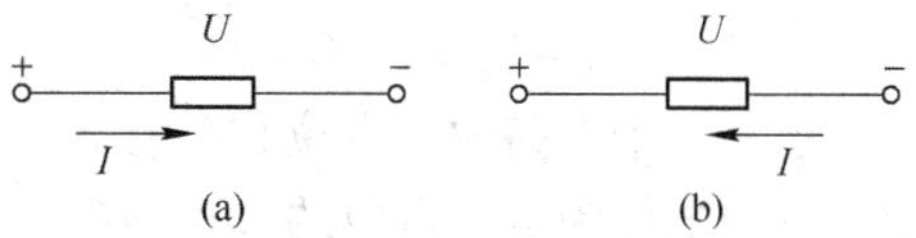

图 1-9　电压、电流的参考方向

（二）电位

在电工技术中，通常使用电压的概念，而在电子技术中，通常要用到电位。电压与电位是紧密相连的，引入电位可以简化计算、简化电路画法。在电路中某一点的电位等于这一点与参考点之间的电压降。因此，提到某点电位，必须首先选定参考点，规定参考点的电位为零，用" ⊥ "表示（也叫零参考点）。参考点的位置原则上可以任意选择，但为了方便，在电力工程上一般选择大地为参考点，在电子电路中常选各相关部分的公共点（或接机壳点）作为参考点。例如：假设参考点为 o，则 a 点电位表示为：

$$V_a = U_{ao} \tag{1-5}$$

如果 a、b 两点电位各为 V_a、V_b，则 a、b 两点间的电压也等于这两点之间的电位差：

$$U_{ab} = V_a - V_b \tag{1-6}$$

若 $U_{ab} > 0$，说明 a 点的电位高于 b 点的电位；$U_{ab} < 0$，说明 a 点的电位低于 b 点的电位；$U_{ab} = 0$ 说明 a、b 两点的电位相等。

例 1 - 1　在图 1 - 10 中，已知 $U_{ab} = 3V$，$U_{ac} = 5V$，试分别以 a 点和 c 点作参考点，求 b 点的电位和 b、c 两点之间的电压。

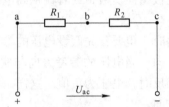

图 1 - 10　例 1 - 1 图

解：

（1）以 a 点为参考点，则 $V_a = 0$，

已知 $U_{ab} = 3V$，即　　　　　　　　$U_{ab} = V_a - V_b = 3V$

所以　　　　　　　　　　　　　　$V_b = V_a - 3 = 0 - 3 = -3V$

已知 $U_{ac} = 5V$，即　　　　　　　　$U_{ac} = V_a - V_c = 5V$

所以　　　　　　　　　　　　　　$V_c = V_a - 5 = 0 - 5 = -5V$

则 b、c 两点之间的电压　$U_{bc} = V_b - V_c = -3 - (-5) = 2V$

（2）以 c 点为参考点，则 $V_c = 0$，

已知 $U_{ac} = 5V$，即　　　　　　　　$U_{ac} = V_a - V_c = 5V$

所以　　　　　　　　　　　　　　$V_a = V_c + 5 = 0 + 5 = 5V$

已知 $U_{ab} = 3V$，即　　　　　　　　$U_{ab} = V_a - V_b = 3V$

所以　　　　　　　　　　　　　　$V_b = V_a - 3 = 5 - 3 = 2V$

则 b、c 两点之间的电压　$U_{bc} = V_b - V_c = 2 - 0 = 2V$

从上面的例题可以看出：在同一个电路中，电位有高有低，有正有负，比参考点高的点的电位为正，比参考点低的点的电位为负；电位的大小与参考点的选择有关，参考点选择的不同，同一点的电位也就不同；不论参考点如何变化，两点之间的电位差（即电压）并不改变，也就是电压与参考点的选择无关，即电位是相对的，而电压是绝对的。

三、电动势

在图 1 - 11 电路中，电场力做功使电路中有电流通过，为了维持电路中有持续不断的电流通过，在电源内部，电源力（非电场力）将单位正电荷由负极 b 移到正极 a 所做的功定义为电动势，用 E 表示，即

$$E_{ba} = \frac{dW_{ba}}{dq} \qquad (1-7)$$

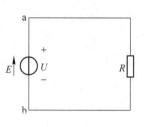

图 1-11　电动势

单位与电压一样，也是伏特（简称伏）。

电动势的方向规定为从负极指向正极。显然，在电源两端，表示电压的方向与表示电动势的方向正好相反。如果电流流过电源内部没有能量损耗，则电源的端电压 U 的数值就等于电动势 E。由于电动势的实际方向在很多情况下是已知的，因此在这不再过多研究。

四、电功率

计算电路时常常将电功率简称为功率，它是描述传送电能速率的一个物理量。若用 p 表示功率，w 表示电能，则有：

$$p = \frac{dw}{dt} = ui \qquad (1-8)$$

功率的单位为瓦特（W），常用的还有千瓦（kW）和毫瓦（mW）。在实际电路中，照明灯泡的功率一般为几十瓦至几百瓦，动力设备如电动机则多用千瓦表示。电能的单位是焦耳（J），工程中电能常用"度"作单位，它是千瓦小时（kW·h）的总称。

在电路中，有的元件需要消耗（或吸收）功率，有的元件需要提供（或发出）功率。那么，该如何确定呢？在电路中进行分析时，通常根据电压和电流的参考方向先计算出功率，然后根据功率的正负再来确定元件是吸收功率还是发出功率。

在直流电路中，当电压与电流的参考方向是相关联的方向时，如图 1-12(a) 所示。

$$P = + UI \qquad (1-9)$$

当电压与电流的参考方向是非关联的方向时，如图 1-12(b) 所示。

$$P = - UI \qquad (1-10)$$

若计算结果 $P > 0$，表明该元件吸收（或消耗）功率；若 $P < 0$，表明该元件发出（或提供）功率。

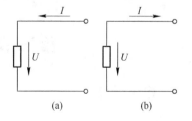

图 1-12　电路功率的计算

例 1-2　在图 1-13 中，用方框代表某一电路元件，其电压、电流如图所示，求图中各元件的功率，并说明该元件实际上是吸收还是发出功率。

解：

（1）电压、电流的参考方向关联，元件的功率：

$$P = UI = 5 \times 3 = 15\mathrm{W} > 0$$

元件实际上是吸收功率。

（2）电压、电流的参考方向非关联，元件的功率：

$$P = - UI = - 5 \times 3 = - 15\mathrm{W} < 0$$

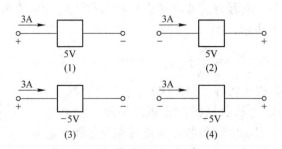

图 1 - 13 例 1 - 2 图

元件实际上是发出功率。

（3）电压、电流的参考方向关联，元件的功率：

$$P = UI = (-5) \times 3 = -15W < 0$$

元件实际上是发出功率。

（4）电压、电流的参考方向非关联，元件的功率：

$$P = -UI = -(-5) \times 3 = 15W > 0$$

元件实际上是吸收功率。

通常用电器（如节能灯、电炉等）上都标明了它的额定电流、额定电压和额定功率等一些额定值，它表示用电器长期工作时所允许的最大值。例如：一个灯泡上标明"220V，40W"说明这个灯泡接 220V 电压，消耗功率是 40W，工作在额定状态，即满载状态；若所接电压超过 220V，功率也会超过 40W，灯泡就会烧坏，这种状态称为过载；若所接电压小于 220V，功率也会低于 40W，灯泡就会发暗，不能正常工作，这种状态称为轻载。所以用电器在实际使用时一定要工作在额定状态，这时它才能正常工作，使用寿命才会最长。

第三节　电阻元件和欧姆定律

一、电阻元件

（一）电阻定义

习惯上我们把导体对于电流所呈现的阻力称为电阻。日常生产、生活中常用的电炉、电阻器、白炽灯等实际元件，当忽略其电磁性能时，均可将它们抽象为仅具有消耗电能的电阻元件，用"R"表示。电路图中常用电阻器的符号如图 1 - 14 所示。

电阻的单位用欧姆（Ω）表示。常用的单位还有"kΩ"、"MΩ"，它们的换算关系如下：

$$1M\Omega = 10^3 k\Omega = 10^6 \Omega$$

电阻的倒数称为电导，用字母 G 表示，即

$$G = \frac{1}{R} \tag{1-11}$$

电导的单位为西门子，简称西，通常用符号"S"表示。电导也是表征电阻元件特性的参数，它反映的是电阻元件的导电能力。

图 1-14　电阻的图形符号

（二）电阻元件的伏安特性

电阻元件的伏安特性是指电阻两端的电压与通过的电流之间的关系。如果纵坐标用电流表示，横坐标用电压表示，则可以用直角坐标平面上的曲线来表示电阻元件的伏安特性。如果伏安特性曲线是一条过原点的直线，如图 1-15 所示，这样的电阻元件称为线性电阻元件。

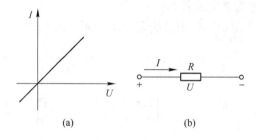

(a)　　　　　　　　　(b)

图 1-15　线性电阻的伏安特性及符号
（a）伏安特性；（b）符号

在工程上，还有许多电阻元件，其伏安特性曲线是一条过原点的曲线，这样的电阻元件称为非线性电阻元件。图 1-16 所示曲线是二极管的伏安特性，所以二极管是一个非线性电阻元件。

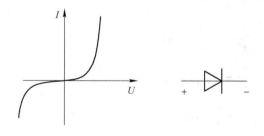

图 1-16　二极管的伏安特性及符号

严格地说，实际电路器件的电阻都是非线性的。如常用的白炽灯，只有在一定的工作范围内，才能把白炽灯近似看成线性电阻，而超过此范围，就成了非线性电阻。

今后本书中所有的电阻元件，没有特别说明都是指线性电阻元件。

二、欧姆定律

欧姆定律是电路分析中的重要定律之一。它说明的是流过线性电阻的电流与电阻两端电压之间的关系，反映了线性电阻的特性。

在电阻电路中，当电压与电流为关联参考方向时，欧姆定律可用下式表示：

$$I = \frac{U}{R} \qquad\qquad (1-12)$$

当电阻的电压与电流为非关联方向时，则欧姆定律可用下式表示：

$$I = -\frac{U}{R} \qquad\qquad (1-13)$$

无论电压、电流为关联参考方向还是非关联参考方向，电阻元件功率都为：

$$P = UI = \frac{U^2}{R} = I^2 R \qquad\qquad (1-14)$$

式（1-14）表明，电阻元件吸收的功率恒为正值，而与电压、电流的参考方向无关。因此，电阻元件又称为耗能元件。

例 1-3　如图 1-17 所示，应用欧姆定律求电阻 R。

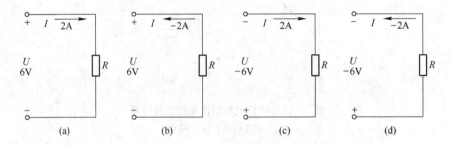

图 1-17　例 1-3 图

解：

图 1-17(a)：$R = \dfrac{U}{I} = \dfrac{6}{2} = 3\Omega$

图 1-17(b)：$R = -\dfrac{U}{R} = -\dfrac{6}{-2} = 3\Omega$

图 1-17(c)：$R = -\dfrac{U}{R} = -\dfrac{-6}{2} = 3\Omega$

图 1-17(d)：$R = \dfrac{U}{I} = \dfrac{-6}{-2} = 3\Omega$

第四节　电阻的联结

具有两个端钮的部分电路，称为二端网络 N，如图 1-18 所示。

如果电路结构、元件参数完全不同的两个二端网络具有相同的电压、电流关系，即相同的伏安关系时，则这两个二端网络称为等效网络。等效网络在电路中可以相互代换。内部没有独立电源的二端网络，称为无源二端网络，它可用一个电阻元件与之等效。这个电阻元件的电阻值称为该网络的等效电阻或输入电阻，也称为总电阻，用 R_i 表示。如图1-19 所示。

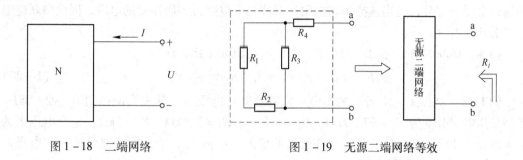

图1-18 二端网络　　　　　图1-19 无源二端网络等效

一、电阻的串联

各电阻元件顺次连接起来，所构成的二端网络称为电阻的串联网络，如图1-20(a) 所示。

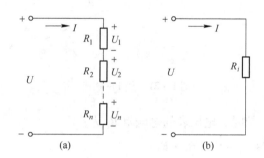

图1-20 电阻串联及等效电路
(a) 电阻串联；(b) 等效电路

在图1-20(a) 中，可以看出串联的各个电阻电流相等，均等于 I，而电压之间满足：
$$U = U_1 + U_2 + \cdots + U_n \tag{1-15}$$
即：电阻的串联网络的端口电压等于各电阻电压之和。

又由欧姆定律可得：
$$U_1 = R_1 I, \ U_2 = R_2 I, \ \cdots, \ U_n = R_n I \tag{1-16}$$
于是，
$$U = R_1 I + R_2 I + \cdots + R_n I = (R_1 + R_2 + \cdots + R_n) I \tag{1-17}$$
图1-20(b) 是图1-20(a) 的等效网络，根据等效的概念，在图1-20(b) 中有：
$$U = R_i I$$
因此
$$R_i = R_1 + R_2 + \cdots + R_n \tag{1-18}$$

即：电阻的串联网络的等效电阻等于各电阻之和。

串联电阻的等效电阻比每个电阻都大，在端口电压一定时，串联电阻越多，电流则越小，因此串联电阻有"限流"作用。

串联电阻的电流相等，则各电阻的电压之比等于它们的电阻之比，即：

$$U_1 : U_2 : \cdots : U_n = R_1 : R_2 : \cdots : R_n \qquad (1-19)$$

在端口电压一定时，适当选择串联电阻，可使每个电阻得到所需要的电压，因此串联电阻有"分压"作用。

同理，串联的每个电阻的功率也与它们的电阻成正比，即：

$$P_1 : P_2 : \cdots : P_n = R_1 : R_2 : \cdots : R_n \qquad (1-20)$$

例1-4 如图1-21所示的 C30-V 型磁电系电压表，其表头的内阻 $R_g = 29.28\Omega$，各挡分压电阻分别为 $R_1 = 970.72\Omega$，$R_2 = 1.5k\Omega$，$R_3 = 2.5k\Omega$，$R_4 = 5k\Omega$；这个电压表的最大量程为30V。试计算表头所允许通过的最大电流值 I_{gm}，表头所能测量的最大电压值 U_{gm} 以及扩展后的各量程的电压值 U_1、U_2、U_3、U_4。

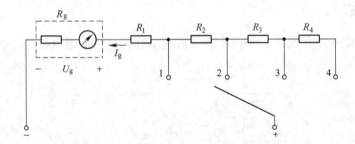

图1-21 例1-4图

解：当开关在"4"挡时，电压表的总电阻 R_i 为：

$$R_i = R_g + R_1 + R_2 + R_3 + R_4$$
$$= 29.28 + 970.72 + 1500 + 2500 + 5000 = 10000\Omega = 10k\Omega$$

通过表头的最大电流值 I_{gm} 为：

$$I_{gm} = \frac{U_4}{R_i} = \frac{30}{10} = 3mA$$

当开关在"1"挡时，电压表的量程 U_1 为：

$$U_1 = (R_g + R_1)I_{gm} = (29.28 + 970.72) \times 3 = 3V$$

当开关在"2"挡时，电压表的量程 U_2 为：

$$U_2 = (R_g + R_1 + R_2)I_{gm} = (29.28 + 970.72 + 1500) \times 3 = 7.5V$$

当开关在"3"挡时，电压表的量程 U_3 为：

$$U_3 = (R_g + R_1 + R_2 + R_3)I_{gm} = (29.28 + 970.72 + 1500 + 2500) \times 3 = 15V$$

表头所能测量的最大电压 U_{gm} 为：

$$U_{gm} = R_g I_{gm} = 29.28 \times 3 = 87.84mV$$

由此可见，直接利用表头测量电压时，它只能测量 87.84mV 以下的电压，而串联了

分压电阻 R_1、R_2、R_3、R_4 后，它就有 3V、7.5V、15V、30V 四个量程，实现了电压表的量程扩展。

二、电阻的并联

各电阻元件的两端钮分别连接起来所构成的二端网络称为电阻的并联网络，如图 1-22(a) 所示。

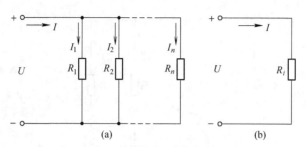

图 1-22 电阻并联及等效电路
(a) 并联电路；(b) 等效电路

在图 1-22(a) 中，可以看出，并联的各个电阻的电压相等，均等于 U，而电流之间满足：

$$I = I_1 + I_2 + \cdots + I_n \tag{1-21}$$

即：电阻的并联网络的端电流等于各电阻电流之和。

又由欧姆定律可得：

$$I_1 = \frac{U}{R_1}, \quad I_2 = \frac{U}{R_2}, \quad \cdots, \quad I_n = \frac{U}{R_n}$$

$$I = I_1 + I_2 + \cdots + I_n = \frac{U}{R_1} + \frac{U}{R_2} + \cdots + \frac{U}{R_n} = \left(\frac{1}{R_1} + \frac{1}{R_2} + \cdots + \frac{1}{R_n} \right) U$$

图 1-22(b) 是图 1-22(a) 的等效网络，根据等效的概念，在图 1-22(b) 中有：

$$I = \frac{1}{R_i} U$$

因此

$$\frac{1}{R_i} = \frac{1}{R_1} + \frac{1}{R_2} + \cdots + \frac{1}{R_n} \quad \text{或} \quad G_i = G_1 + G_2 + \cdots + G_n \tag{1-22}$$

即：电阻并联网络的等效电阻的倒数等于各电阻倒数之和或电阻并联网络的等效电导等于各电阻的电导之和。且并联电阻的等效电阻比每个电阻都小。

并联电阻的电压相等，则各电阻的电流与它们的电导成正比，与它们的电阻成反比，即：

$$I_1 : I_2 : \cdots : I_n = \frac{1}{R_1} : \frac{1}{R_2} : \cdots : \frac{1}{R_n} = G_1 : G_2 : \cdots : G_n \tag{1-23}$$

同理，并联的每个电阻的功率也与它们的电导成正比，与它们的电阻成反比。即：

$$P_1 : P_2 : \cdots : P_n = \frac{1}{R_1} : \frac{1}{R_2} : \cdots : \frac{1}{R_n} = G_1 : G_2 : \cdots : G_n \tag{1-24}$$

若只有 R_1、R_2 两个电阻并联，如图 1-23 所示，由

$$\frac{1}{R_i} = \frac{1}{R_1} + \frac{1}{R_2} = \frac{R_1 + R_2}{R_1 R_2} \qquad (1-25)$$

可得等效电阻 R_i 为：

$$R_i = \frac{R_1 R_2}{R_1 + R_2} \qquad (1-26)$$

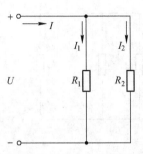

图 1-23　两个电阻并联

两个电阻 R_1、R_2 的电流分别为：

$$I_1 = \frac{U}{R_1} = \frac{R_i I}{R_1} = \frac{R_2}{R_1 + R_2} I$$

$$I_2 = \frac{U}{R_2} = \frac{R_i I}{R_2} = \frac{R_1}{R_1 + R_2} I \qquad (1-27)$$

如果 $R_1 = R_2 = R$，则有：

$$R_i = \frac{R}{2},\ I_1 = I_2 = \frac{I}{2} \qquad (1-28)$$

例 1-5　如图 1-24 所示的 C41-μA 型磁电系电流表，其表头内阻 $R_g = 1.92\text{k}\Omega$，各分流电阻分别为 $R_1 = 1.6\text{k}\Omega$，$R_2 = 960\Omega$，$R_3 = 320\Omega$，$R_4 = 320\Omega$；表头所允许通过的最大电流为 62.5μA，试求扩展后的电流表各量程的电流值 I_1、I_2、I_3、I_4。

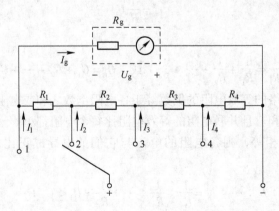

图 1-24　例 1-5 图

解：表头所允许通过的最大电流 I_{gm} 为 62.5μA。当开关在"1"挡时，R_1、R_2、R_3、

R_4 是串联的，而 R_g 与它们相并联，根据分流公式可得

$$I_{gm} = \frac{R_1 + R_2 + R_3 + R_4}{R_g + R_1 + R_2 + R_3 + R_4} I_1$$

则有

$$I_1 = \frac{R_g + R_1 + R_2 + R_3 + R_4}{R_1 + R_2 + R_3 + R_4} I_{gm} = \frac{1920 + 1600 + 960 + 320 + 320}{1600 + 960 + 320 + 320} \times 62.5 = 100\mu A$$

当开关在"2"挡时，R_g、R_1 是串联的，而 R_2、R_3、R_4 与它们相并联，根据分流公式可得

$$I_{gm} = \frac{R_2 + R_3 + R_4}{R_g + R_1 + R_2 + R_3 + R_4} I_2$$

则有

$$I_2 = \frac{R_g + R_1 + R_2 + R_3 + R_4}{R_2 + R_3 + R_4} I_{gm} = \frac{1920 + 1600 + 960 + 320 + 320}{960 + 320 + 320} \times 62.5 = 200\mu A$$

同理，当开关在"3"挡时，R_g、R_1、R_2 是串联的，而 R_3、R_4 串联后与它们相并联，根据分流公式可得

$$I_{gm} = \frac{R_3 + R_4}{R_g + R_1 + R_2 + R_3 + R_4} I_3$$

则有

$$I_3 = \frac{R_g + R_1 + R_2 + R_3 + R_4}{R_3 + R_4} I_{gm} = \frac{1920 + 1600 + 960 + 320 + 320}{320 + 320} \times 62.5 = 500\mu A$$

当开关在"4"挡时，R_g、R_1、R_2、R_3 是串联的，而 R_4 与它们相并联，根据分流公式可得

$$I_{gm} = \frac{R_4}{R_g + R_1 + R_2 + R_3 + R_4} I_4$$

则有

$$I_4 = \frac{R_g + R_1 + R_2 + R_3 + R_4}{R_4} I_{gm} = \frac{1920 + 1600 + 960 + 320 + 320}{320} \times 62.5 = 1000\mu A$$

由此可见，直接利用该表头测量电流，它只能测量 $62.5\mu A$ 以下的电流，而并联了分流电阻 R_1、R_2、R_3、R_4 后，作为电流表，它就有 $100\mu A$、$200\mu A$、$500\mu A$、$1000\mu A$ 四个量程，实现了电流表量程的扩展。

由串联和并联电阻组合而成的二端电阻网络称为电阻的混联网络，分析混联电阻网络的一般步骤如下：

（1）计算各串联电阻、并联电阻的等效电阻，再计算总的等效电阻。

（2）由端口激励计算出端口响应。

（3）根据串联电阻的分压关系、并联电阻的分流关系逐步计算各部分电压、电流。

例 1 - 6　图 1 - 25 所示的是一个常用的利用滑线变阻器组成的简单分压器电路。电阻分压器的固定端 a、b 接到直流电压源上。固定端 b 与活动端 c 接到负载上。利用分压器上滑动触头 c 的滑动可在负载电阻上输出 $0 \sim U_S$ 的可变电压。已知直流理想电压源电压 $U_S = 9V$，负载电阻 $R_L = 800\Omega$，滑线变阻器的总电阻 $R = 1000\Omega$，滑动触头 c 的位置使

$R_1 = 200\Omega$，$R_2 = 800\Omega$。

（1）求输出电压 U_2 及滑线变阻器两段电阻中的电流 I_1、I_2。

（2）若用内阻为 $R_{V1} = 1200\Omega$ 的电压表去测量此电压，求电压表的读数。

（3）若用内阻为 $R_{V2} = 3600\Omega$ 的电压表再测量此电压，求这时电压表的读数。

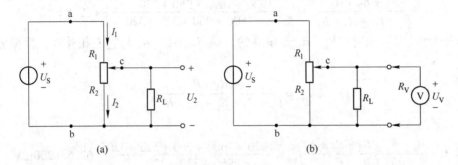

图 1-25　例 1-6 图

（a）电路图；（b）测量电路图

解：

（1）图 1-25（a）中，电阻 R_2 与 R_L 并联后再与 R_1 串联。

$$R_i = R_1 + \frac{R_2 R_L}{R_2 + R_L} = 200 + \frac{800 \times 800}{800 + 800} = 600\Omega$$

$$I_1 = \frac{U_S}{R_i} = \frac{9}{600} = 0.015\text{A}$$

$$I_2 = \frac{R_L}{R_2 + R_L} I_1 = \frac{800}{800 + 800} \times 0.015 = 0.0075\text{A}$$

$$U_2 = R_2 I_2 = 800 \times 0.0075 = 6\text{V}$$

（2）图 1-25（b）中，电阻 R_2、R_L 与电压表内阻 R_{V1} 并联后再与 R_1 串联。

$$R_{i1} = R_1 + \frac{1}{\frac{1}{R_2} + \frac{1}{R_L} + \frac{1}{R_{V1}}} = 200 + \frac{1}{\frac{1}{800} + \frac{1}{800} + \frac{1}{1200}} = 500\Omega$$

$$U_{V1} = \frac{U_S}{R_{i1}} \times \frac{1}{\frac{1}{R_2} + \frac{1}{R_L} + \frac{1}{R_{V1}}} = \frac{9}{500} \times \frac{1}{\frac{1}{800} + \frac{1}{800} + \frac{1}{1200}} = 5.4\text{V}$$

（3）图 1-25（b）中，电阻 R_2、R_L 与电压表内阻 R_{V2} 并联后再与 R_1 串联。

$$R_{i2} = R_1 + \frac{1}{\frac{1}{R_2} + \frac{1}{R_L} + \frac{1}{R_{V2}}} = 200 + \frac{1}{\frac{1}{800} + \frac{1}{800} + \frac{1}{3600}} = 560\Omega$$

$$U_{V2} = \frac{U_S}{R_{i2}} \times \frac{1}{\frac{1}{R_2} + \frac{1}{R_L} + \frac{1}{R_{V2}}} = \frac{9}{560} \times \frac{1}{\frac{1}{800} + \frac{1}{800} + \frac{1}{3600}} = 5.79\text{V}$$

由此可见，由于实际电压表都有一定的内阻，将电压表并联在电路中测量电压时，对被测试电路都有一定的影响。电压表内阻越大，对测试电路的影响越小。理想电压表的内阻为无穷大，对测试电路才无影响，但实际中并不存在。

第五节　电压源、电流源及其等效变换

电源是电路的主要部分，发电机、蓄电池、稳压电源等都是常用的电源。实际电源有两种不同的类型，一种是电压源，一种是电流源。这两种电源都不受其电路中任意支路电流或电压的控制，称为独立电源。

一、电压源

（一）理想电压源

电压源是能向外电路提供比较稳定电压的电源装置。当电压源的端电压是直流电压时，称为直流电压源；当端电压是交流电压时，称为交流电压源。

理想电压源是在理想情况下，认为内阻 $R_i = 0$ 时的电压源，也简称恒压源，直流恒压源的符号如图 1 - 26 所示，其电压用 U_S 表示。

理想电压源的伏安特性如图 1 - 27 所示，它是一条平行于 I 轴的直线，表明其电流由外电路决定，不论电流为何值，直流电压源端电压总为 U_S。例如在图 1 - 28 中，有一个 $U_S = 10V$ 的恒压源向外电路供电，当它的两端开路时，如图 1 - 28(a) 所示，输出电流 $I = 0$，输出电压 $U = U_S = 10V$；当外接一个 1Ω 的电阻时，如图 1 - 28(b) 所示，输出电流 $I = 10A$，输出电压 U 仍为 10V；当外接一个 10Ω 的电阻时，如图 1 - 28(c) 所示，输出电流 $I = 1A$，输出电压 U 仍然为 10V。

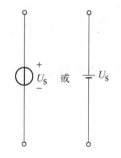

图 1 - 26　恒压源符号

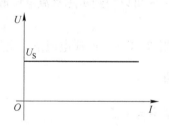

图 1 - 27　恒压源伏安特性

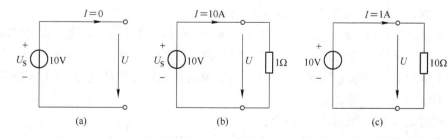

图 1 - 28　恒压源输出电流

从上面讨论可以得到理想电压源的特点是：

（1）无论它的外电路如何变化，它两端的输出电压为恒定值 U_S，即 $U = U_S$。

（2）通过电压源的电流取决于外电路和它本身电压的大小。其中，恒压源一旦短路，电流会趋向于无穷大而把电源烧坏，因此电压源不允许短路。

（3）当电压源的电压值等于零时，可将电压源等效为一个短路元件。

（二）实际电压源

理想的电压源实际上是不存在的，因此对于实际的电压源来说，由于有内阻，其端电压都是随着电流的变化而变化的。例如，当电池接通负载后，其电压就会降低，这是因为电池内部存在电阻的缘故。由此可见，实际的直流电压源可以用一个数值为 U_S 的恒压源和一个内阻 R_i 相串联的模型来表示。其中实际电压源（简称电压源）的模型及伏安特性如图 1－29 所示。

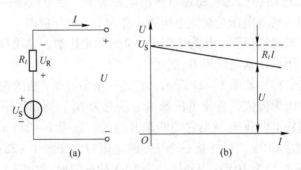

图 1－29　实际电压源模型及其伏安特性

（a）实际电压源；（b）伏安特性

由图 1－29 可以得到实际直流电压源的端电压为：

$$U = U_S - U_R = U_S - IR_i \qquad (1-29)$$

即：内阻 R_i 越大，同样电流下，电压降得越多，电源的特性就越差。

二、电流源

（一）理想电流源

电流源是向外电路提供比较稳定电流的一种装置，例如光电池在一定光线的照射下，被激发产生一定大小的电流，这个电流与光照强度有关，与它的端电压无关。理想电流源简称为恒流源，符号及伏安特性如图 1－30 所示。

从伏安特性中可以看出，它是一条以 I 为横坐标且垂直于 I 轴的直线，表明其端电压由外电路决定，不论其端电压为何值，直流电流源输出电流总为 I_S。例如图 1－30 中，已知恒流源 $I_S = 2A$，当外接电阻 R_L 变化时，恒流源向外电路提供的电流 $I = I_S = 2A$ 不变，而端电压 $U = I_S R_L$ 由 R_L 来决定。

从上面讨论可以得到恒流源的特点：

（1）无论它的外电路如何变化，它的输出电流为恒定值 I_S，即 $I = I_S$。

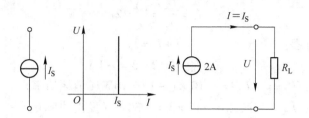

图 1 - 30　恒流源符号及伏安特性

（2）恒流源两端电压 U 的大小取决于外部电路和恒流源。恒流源一旦开路，U 将趋向于无穷大，将会损坏恒流源，因此恒流源不允许开路。

（3）当恒流源 $I_S = 0$ 时，可将恒流源等效为一开路元件。

（二）实际电流源

理想的电流源实际上是不存在的。实际的电流源，其输出电流是随着负载的变化而变化的。例如，光电池在一定的光线照射下，被光激发产生的电流，并不能全部外流，其中的一部分将在光电池内部流动。由此可见，实际的直流电流源可以用一个理想电流源 I_S 和一个内阻 R'_i 相并联的模型来表示，如图 1 - 31（a）所示。

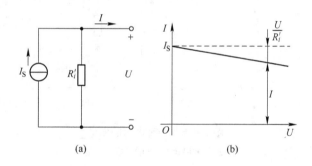

图 1 - 31　实际电流源模型及伏安特性
（a）实际电流源；（b）伏安特性

于是，实际直流电流源的输出电流为：

$$I = I_S - \frac{U}{R'_i} \tag{1 - 30}$$

其伏安特性如图 1 - 31（b）所示。

从伏安特性上可以看出：电流源的内阻越大，分得的电流越小，输出电流 I 就越大，特性就越好。因此理想电流源的内阻可以看成无穷大。

例 1 - 7　如图 1 - 32 所示，已知 $U_S = 10V$，$I_S = 3A$，$R = 5\Omega$，求各元件的功率。

解：由图可知，电阻 R 和恒流源两端的电压都等于恒压源的电压 U_S，因此

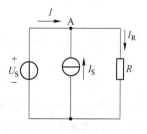

图 1 - 32　例 1 - 7 图

$$I_R = \frac{U_S}{R} = \frac{10}{5} = 2A$$

对 A 点列出 KCL 方程：$I + I_S = I_R$

可得：$I = I_R - I = 2 - 3 = -1A$

恒压源的功率：$P_{U_S} = -U_S I = -10 \times (-1) = 10W$（消耗功率）

恒流源的功率：$P_{I_S} = -U_S I_S = -10 \times 3 = -30W$（发出功率）

电阻 R 的功率：$P_R = I^2 R = 2^2 \times 5 = 20W$（消耗功率）

三、实际的电压源与实际的电流源的等效变换

（一）等效变换的条件

电压源是以输出电压的形式向负载供电，电流源是以输出电流的形式向负载供电，比较这两种电源模型的伏安特性，不难发现它们是相同的。因此当这两种电源模型对相同的负载提供的端电压和端电流相等时，它们之间可以互相替换，也就是等效变换。电压源模型和电流源模型如图 1-33 所示。

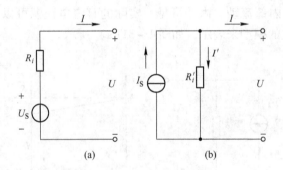

图 1-33 两种电源的模型

（a）实际电压源；（b）实际电流源

在电压源中，由式（1-29）可知：

$$U = U_S - IR_i$$

在电流源中，由式（1-30）可知：

$$I = I_S - \frac{U}{R_i'}$$

整理后得：

$$U = I_S R_i' - IR_i'$$

由此可见，实际电压源和实际电流源若要等效互换，必须满足条件：

$$U_S = I_S R_i'$$

$$R_i = R_i' \tag{1-31}$$

即当实际电压源等效变换成实际电流源时，电流源的电流等于电压源的电压与其内阻的比值，电流源的内阻等于电压源的内阻；当实际电流源等效变换成实际电压源时，电压源的电压等于电流源的电流与其内阻的乘积，电压源的内阻等于电流源的内阻。

在进行等效互换时，必须注意电压源的电压方向与电流源的电流方向之间的关系，即两者的参考方向要求相反，也就是说电压源的正极对应着电流源电流的流出端。

实际电源两种模型的等效互换只能保证其外部电路的电压、电流和功率相同，对其内部电路，并无等效而言。通俗地讲，当电路中某一部分用其等效电路替代后，未被替代部分的电压、电流应保持不变。

（二）等效变换时应注意的问题

（1）电压源与电流源的参考方向在变换前后应保持对外电路的等效，也就是说电压源的正极对应着电流源电流的流出端。

（2）等效变换只能对外电路等效，对内电路不能等效。也就是说只能保证其外部电路的电压、电流和功率相同，对其内部电路，并无等效而言。

（3）恒压源与恒流源之间不能等效。

电源等效变换的方法可以推广运用，如果理想电压源与外接电阻串联，可把外接电阻看作其内阻，则可互换为电流源形式；如果理想电流源与外接电阻并联，可把外接电阻看作其内阻，则可互换为电压源形式。利用电压源与电流源的等效变换可以把一个复杂电路化简成一个简单电路，在进行复杂电路的分析与计算时可以带来很大的方便。

例1-8　分别求图1-34中ab端的等效电路。

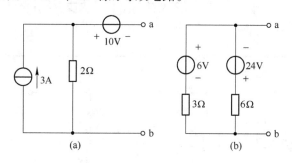

图1-34　例1-8图（一）

解：

（1）求图1-34(a)：

在图1-34(a)中,先将3A和2Ω组成的电流源等效成一个电压源,如图1-35(b)所示。

$$U_{\mathrm{S1}} = 2 \times 3 = 6\mathrm{V}, \quad R_i = 2\Omega$$

再将两个恒压源合并成一个恒压源，如图1-35(c)所示。

$$U_{\mathrm{S}} = 10 - 6 = 4\mathrm{V}, \quad R_i = 2\Omega$$

（2）求图1-34(b)：

在图1-34(b)中，先分别将两个并联的电压源等效成两个并联的电流源，如图1-36(b)所示。

$$I_{\mathrm{S1}} = \frac{6}{3} = 2\mathrm{A}, \quad R_1 = 3\Omega$$

$$I_{\mathrm{S2}} = \frac{24}{6} = 4\mathrm{A}, \quad R_2 = 6\Omega$$

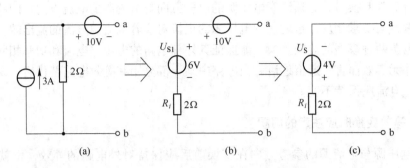

图 1 – 35 例 1 – 8 图 （二）

再将两个恒流源合并，两个电阻合并，如图 1 – 36(c) 所示。

$$I_S = I_{S2} - I_{S1} = 4 - 2 = 2A$$

$$R = \frac{R_1 R_2}{R_1 + R_2} = \frac{3 \times 6}{3 + 6} = 2\Omega$$

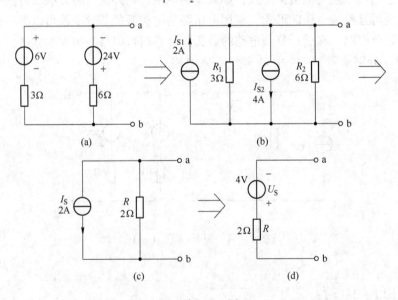

图 1 – 36 例 1 – 8 图 （三）

如果化简成电压源的话，再接着化简成图 1 – 36(d)。

$$U_S = I_S R = 2 \times 2 = 4V, \quad R = 2\Omega$$

例 1 – 9 已知电路如图 1 – 37(a) 所示，其中 $R_L = 8\Omega$，求电流 I 和恒流源的功率。

解： 分析：由于电源等效只对外电路等效，因此可以把待求量 I 所在的支路 R_L 看成外电路，则剩下的都可以看成内电路，这样就可以利用等效变换来对内电路进行化简。

（1）求电流 I。

首先根据恒流源的特点，先将电路化简成图 1 – 37(b)，再将 12V 和 4Ω 组成的电压源化简成电流源，如图 1 – 37(c) 所示。

$$I_S = \frac{12}{4} = 3A$$

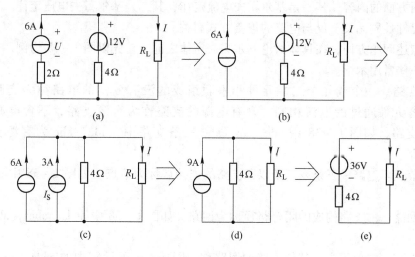

图 1-37 例 1-9 图

最后将两个恒流源合并，可得图 1-37(d) 的电流源或图 1-37(e) 的电压源。

在图 1-37(d) 中：

$$I = \frac{4}{4+8} \times 9 = 3\text{A}$$

或图 1-37(e) 中：

$$I = \frac{36}{4+8} = 3\text{A}$$

（2）求恒流源的功率。

求功率需回到原图 1-37(a) 中，先求出电压 U。

由 KVL 得：

$$IR_L + 6 \times 2 - U = 0$$

可得：

$$U = 3 \times 8 + 2 \times 6 = 36\text{V}$$

电流源的功率：

$$P = -36 \times 6 = -216\text{W}$$

从上面的例题中可以看出，电源等效实际上就是把复杂电路最后化简成一个简单的电路。由于电源等效只对外电路等效，对内电路不能等效，因此在利用电源等效变换化简内电路时，外电路始终要保持不变（如 R_L 支路），只能对内电路进行化简。当要求内电路中的未知量时，这时要回到原电路中求。

第六节　基尔霍夫定律

基尔霍夫定律是电路中电压和电流所遵循的基本规律，是分析计算电路的基础，它既适用于线性电路，也适用于非线性电路，与欧姆定律一起成为电路分析的基础。基尔霍夫定律包括两方面的内容，其一是基尔霍夫电流定律，其二是基尔霍夫电压定律。它们与构成电路的元件性质无关，仅与电路的连接方式有关。

为了叙述问题方便，在具体讨论基尔霍夫定律之前，首先以图 1 - 38 为例，介绍电路模型中的一些常用术语。

（1）支路。一个或几个二端元件相串联组成的没有分岔的电路称为支路。在同一支路上各元件通过的电流相同。含有电源的支路称为有源支路，不含电源的支路称为无源支路，如图 1 - 38 中 adc、ac、abc 三条支路中，adc、abc 为有源支路，ac 为无源支路。

（2）节点。电路中三条或三条以上支路的连接点称为节点。如图 1 - 38 中 a、c 都是节点。

（3）回路。由支路构成的闭合路径称为回路。如图 1 - 38 中 acda、abca、abcda 都是回路。

（4）网孔。内部不含有其他支路的回路称为网孔。上面回路中的 acda、abca 都是网孔，因此，网孔一定是回路，但回路不一定是网孔。

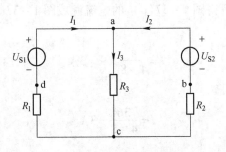

图 1 - 38　基尔霍夫定律

一、基尔霍夫电流定律

（一）内容

基尔霍夫电流定律（Kirchhoff's Current Law，KCL）是描述电路中任一节点所连接的各支路电流之间的相互约束关系。KCL 定律指出：在任一瞬间，任一节点的电流的代数和恒等于零。即：

$$\sum I = 0 \qquad (1-32)$$

在图 1 - 38 中，如果规定参考方向流入节点的取正号，则流出节点者就取负号，对节点 a 可以写出 KCL：

$$I_1 + I_2 - I_3 = 0$$

若将上式改写成：

$$I_1 + I_2 = I_3$$

则该定律也可以叙述成：任一瞬间，流入电路任一节点的电流之和等于流出节点的电流之和，即：

$$\sum I_入 = \sum I_出 \qquad (1-33)$$

例 1 – 10 图 1 – 39 画出了某电路中的一个节点 a。已知 $I_1 = -2A$，$I_2 = -3A$，$I_3 = 2A$，$I_4 = -4A$，求电流 I_5。

解： 假设流入节点的电流为正，根据 KCL 得：

$$I_1 - I_2 - I_3 + I_4 - I_5 = 0$$

代入各数值，得

$$-2 - (-3) - 2 + (-4) - I_5 = 0$$

$$I_5 = -5A$$

计算结果 $I_5 < 0$，说明该支路电流的实际方向是流出节点 a 的。

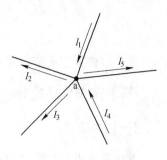

图 1 – 39 例 1 – 10 图

（二）应用时注意问题

（1）列写 KCL 方程时首先要对各支路电流假设参考方向，然后根据图中标定的参考方向列出相应的方程。

（2）KCL 的推广应用：KCL 定律不仅适用于电路中的节点，还可以推广应用于电路中的任一假设的封闭面，也叫广义节点。

例如：在图 1 – 40 所示虚线框为一个封闭面，对节点 a、b、c 分别列出 KCL 方程。

节点 a： $\qquad\qquad\qquad I_1 + I_{ca} = I_{ab}$

节点 b： $\qquad\qquad\qquad I_2 + I_{ab} = I_{bc}$

节点 c： $\qquad\qquad\qquad I_3 + I_{bc} = I_{ca}$

将上面三式相加，得

$$I_1 + I_2 = I_3$$

由分析结果可证明上述结论。

例 1 – 11 已知 $I_1 = 3A$，$I_2 = 5A$，$I_3 = -18A$，$I_5 = 9A$，计算图 1 – 41 所示电路中的电流 I_4 和 I_6。

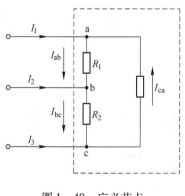

图 1 – 40 广义节点

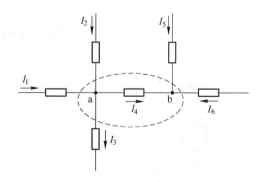

图 1 – 41 例 1 – 11 图

解： 对节点 a，根据 KCL 定律可得：

$$I_1 + I_2 - I_3 - I_4 = 0$$

$$I_4 = I_1 + I_2 - I_3 = 3 + 5 - (-18) = 26A$$

对节点 b，根据 KCL 定律可知：

$$I_4 + I_5 + I_6 = 0$$
$$I_6 = -I_4 - I_5 = -26 - 9 = -35\text{A}$$

也可以根据广义节点先求出电流 I_6，再根据节点 b 求电流 I_4。

二、基尔霍夫电压定律

（一）内容

基尔霍夫电压定律（Kirchhoff's Voltage Law，KVL）是描述电路中组成任一回路的各支路（或各元件）电压之间的约束关系。KVL 定律指出：对电路中的任一回路，在任一瞬间，沿回路绕行方向，各段电压的代数和为零。即：

$$\sum U = 0 \tag{1-34}$$

在列写回路电压方程时，首先要对回路选取一个"绕行方向"。通常规定，电压的参考方向与回路"绕行方向"相同取正号，电压参考方向与回路"绕行方向"相反取负号。其中回路的"绕行方向"是任意选定的，如图 1-42 中的虚线所示。则可以列出图 1-42 电路中 ABCDA 回路的 KVL 方程：

$$U_1 + U_2 - U_3 - U_4 = 0$$

（二）应用时注意的问题

应用时需注意的问题有以下两点：

（1）列写 KVL 时要先假设方向：元件端电压的参考方向（对电阻元件来说也可用其中相关联的电流方向表示设定元件电压的方向）和回路的绕行方向。当元件端电压的参考方向与回路的绕行方向相同时取正，否则取负。

（2）KVL 定律的推广应用：KVL 定律不仅适用于电路中的具体回路，还可以推广应用于电路中的任一假想的回路。例如图 1-43 中，a、b 端口处没有闭合，可以假想 ab 之间有个元件，电压是 U_{ab}，这样就可以与其他元件构成假想的闭合回路，由 KVL 可得：

$$U_{ab} + IR - U_S = 0$$

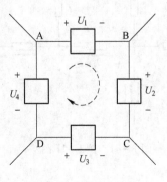

图 1-42　KVL 应用

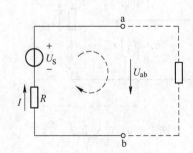

图 1-43　开口电路

例 1-12　在图 1-44 中，已知 $R_1 = R_2 = R_3 = R_4 = 10\Omega$，$U_{S1} = 12\text{V}$，$U_{S2} = 18\text{V}$，$U_{S3} = 10\text{V}$，用基尔霍夫定律求回路中的电流及 B、D 两端的电压。

解：

（1）由于各元件通过的电流是一个电流（参考方向如图所示），按照顺时针方向列出 KVL 方程：

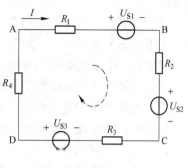

图 1-44　例 1-12 图

$$IR_1 + U_{S1} + IR_2 + U_{S2} + IR_3 - U_{S3} + IR_4 = 0$$

$$I = \frac{-U_{S1} - U_{S2} + U_{S3}}{R_1 + R_2 + R_3 + R_4} = \frac{-12 - 18 + 10}{10 \times 4} = -0.5\text{A}$$

$I < 0$ 说明回路中电流的实际方向与参考方向相反。

（2）计算电压 U_{BD} 可以根据两种途径来求解。

ABDA 回路：　　$IR_1 + U_{S1} + U_{BD} + IR_4 = 0$

解得：

$$U_{BD} = -IR_1 - U_{S1} - IR_4$$

$$= \frac{1}{2} \times 10 - 12 + \frac{1}{2} \times 10$$

$$= -2\text{V}$$

BCDB 回路：　　　　　　$IR_2 + U_{S2} + IR_3 - U_{S3} - U_{BD} = 0$

解得：　　$U_{BD} = IR_2 + U_{S2} + IR_3 - U_{S3} = -\frac{1}{2} \times 10 + 18 - \frac{1}{2} \times 10 - 10 = -2\text{V}$

从上面例题可以看出，第一条路径比第二条路径要简单一些。因此在实际计算时，一般尽量选元件较少的路径，以简化计算。

第七节　知识拓展与技能训练

一、安全用电常识

（一）安全电流与电压

触电是指电流通过人体，使人体的一部分或全部受到过大电流的刺激，以致引起局部受伤或死亡的现象。触电对人体的伤害程度主要取决于通过人体电流的大小、频率、时间、途径及触电者的情况。一般认为工频交流电超过 10mA 或直流电超过 50mA 时，会使人感觉麻痹或剧痛，很难独自摆脱电源，有生命危险。50mA 以上的工频电通过人体就能置人于死地。通过人体电流的时间越长，伤害越严重，一般认为通过人体的电流和持续时间的乘积为 50mAs（毫安秒），是一个危险的极限。

触电时通过人体电流的大小还与接触的电压和人体的电阻有关。人体电阻因人而异，其中肌肉和血液的电阻最小，皮肤的电阻最大，干燥的皮肤电阻约为 $104 \sim 105\Omega$。在人体皮肤干燥时，65V 以上的电压是很危险的，潮湿时 36V 以上的电压就很危险，因此，规定 36V 为安全电压，在特别潮湿的环境里，24V 或 12V 为安全电压，如机床上的照明灯等，一般使用的是 36V 以下的安全电压。

（二）安全用电的注意事项

常见的触电事故大多是由于疏忽大意或不重视安全用电造成的，故应特别注意下列安全常识。

（1）在任何情况下都不得直接用手来鉴定导线和设备是否带电，在低压 380/220V 系统中可用电笔来鉴定。

（2）用手粗测电动机温度时，应用手背接触电动机外壳，不可用手掌，以免外壳有电，使肌肉紧张反而会握紧带电体，造成触电事故。

（3）经常接触的电气设备，如行灯、机床上的照明灯等，应使用 36V 以下的安全电压。在金属容器内或比较潮湿的环境下工作时，电压不得超过 12V。

（4）更换熔丝或安装检修电器设备时，应先切断电源，切勿带电操作。

（5）进行分支线路检修时，打开总电源开关后，还应拔下熔断器，并在切断的电源开关贴上"有人工作，不准合闸"的标志，如有多人进行电工作业，接通电源前应通知每一个人。

（6）电动机械、照明设备拆除后，不能留有可能带电的电线。如果电线必须保留，应将电源切断，并将裸露的线端用绝缘布包好。

（7）闸刀开关必须垂直安装，静触头应在上方，可动刀闸在下方，这样当刀闸拉开后不会再造成电源接通现象，避免引起意外事故。

（8）电灯开关应接在相线上，用螺旋口灯头时，不可把相线接在跟螺旋套相连的连线桩头上，以免在调换灯泡时发生触电。

（9）定期检修电气设备，发现温升过高或绝缘下降时，应及时查明原因，消除故障。

（10）在配电屏或者启动器的周围地面上，应放上干燥木板或橡胶电毯，供操作者站立。

二、电阻星形联结与三角形联结的等效变换

（一）电阻星形联结与三角形联结

三个电阻的一端连接在一起构成一个节点 O，另一端分别为网络的三个端钮 a、b、c，它们分别与外电路相连，这种三端网络叫电阻的星形联结，又叫电阻的丫联结。如图 1−45(a) 所示。

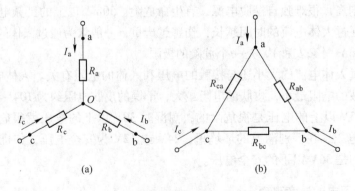

(a)　　　　　　　　　　(b)

图 1−45　电阻的星形和三角形联结

(a) 电阻星形联结；(b) 电阻三角形联结

三个电阻串联起来构成一个回路，而三个连接点为网络的三个端钮 a、b、c，它们分别外电路相连，这种三端网络叫电阻的三角形联结，又叫电阻的△联结。如图 1−45(b)所示。

（二）电阻星形联结与三角形联结的等效变换

在图示参考方向下，由 KCL、KVL 定理可知：

$$I_a + I_b + I_c = 0$$

$$U_{ab} + U_{bc} + U_{ca} = 0$$

可以证明，将三角形联结的电阻等效变换为星形联结的电阻，已知电阻 R_{ab}、R_{bc}、R_{ca}，则等效的电阻 R_a、R_b、R_c 为：

$$\begin{cases} R_a = \dfrac{R_{ab}R_{ca}}{R_{ab} + R_{bc} + R_{ca}} \\[2mm] R_b = \dfrac{R_{bc}R_{ab}}{R_{ab} + R_{bc} + R_{ca}} \\[2mm] R_c = \dfrac{R_{ca}R_{bc}}{R_{ab} + R_{bc} + R_{ca}} \end{cases} \qquad (1-35)$$

将星形联结的电阻等效变换为三角形联结的电阻，已知 R_a、R_b、R_c 电阻，则等效的电阻 R_{ab}、R_{bc}、R_{ca} 为：

$$\begin{cases} R_{ab} = R_a + R_b + \dfrac{R_a R_b}{R_c} \\[2mm] R_{bc} = R_b + R_c + \dfrac{R_b R_c}{R_a} \\[2mm] R_{ca} = R_c + R_a + \dfrac{R_c R_a}{R_b} \end{cases} \qquad (1-36)$$

三个相等电阻的星形、三角形联结方式叫做星形、三角形的对称联结。如果对称星形联结的电阻为 R_Y，则对称三角形联结的等效电阻 $R_\triangle$ 为：

$$R_\triangle = 3R_Y$$

例 1−13　图 1−46(a) 所示电路，$U_S = 13V$，$R_1 = R_4 = R_5 = 5\Omega$，$R_2 = 15\Omega$，$R_3 = 10\Omega$。（1）试求它的等效电阻 R；（2）试求各电阻的电流。

解：

（1）利用式（1−35），将三角形联结的电阻 R_1、R_3、R_4 等效变换为星形联结的电阻 R_a、R_b、R_c，如图 1−46(b) 所示，则：

$$\begin{cases} R_a = \dfrac{R_1 \times R_4}{R_1 + R_3 + R_4} = \dfrac{5 \times 5}{5 + 10 + 5} = \dfrac{5}{4} = 1.25\Omega \\[2mm] R_b = \dfrac{R_1 \times R_3}{R_1 + R_3 + R_4} = \dfrac{5 \times 10}{5 + 10 + 5} = \dfrac{5}{2} = 2.5\Omega \\[2mm] R_c = \dfrac{R_3 \times R_4}{R_1 + R_3 + R_4} = \dfrac{10 \times 5}{5 + 10 + 5} = \dfrac{5}{2} = 2.5\Omega \end{cases}$$

图 1−46(b) 是电阻的混联网络，串联的 R_2、R_b 的等效电阻 R_{2b} 为：

$$R_{2b} = R_2 + R_b = 15 + 2.5 = 17.5\Omega$$

串联的 R_5、R_c 的等效电阻 R_{5c} 为：

$$R_{5c} = R_5 + R_c = 5 + 2.5 = 7.5\Omega$$

电路的等效电阻 R 为：

$$R = R_a + \frac{R_{2b}R_{5c}}{R_{2b} + R_{5c}} = 1.25 + \frac{17.5 \times 7.5}{17.5 + 7.5} = 6.5\Omega$$

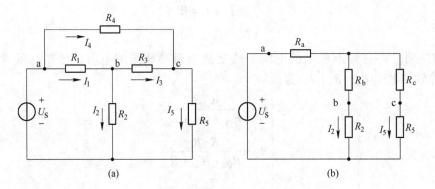

图 1 - 46 例 1 - 13 图
（a）电路图；（b）等效电路图

（2）电路中电阻 R_2、R_5 的电流 I_2、I_5 为：

$$I_2 = \frac{U_S}{R} \times \frac{R_{5c}}{R_{2b} + R_{5c}} = \frac{13}{6.5} \times \frac{7.5}{17.5 + 7.5} = 0.6A$$

$$I_5 = \frac{U_S}{R} \times \frac{R_{2b}}{R_{2b} + R_{5c}} = \frac{13}{6.5} \times \frac{17.5}{17.5 + 7.5} = 1.4A$$

为求得电阻 R_1、R_3、R_4 的电流 I_1、I_3、I_4，可从图 1 - 46（b）分别求得电压 U_{ab}、U_{bc}、U_{ac}，再回到图 1 - 46（a）求解，则：

$$I_1 = \frac{U_{ab}}{R_1} = \frac{(I_2 + I_5)R_a + I_2R_b}{R_1} = \frac{(0.6 + 1.4) \times 1.25 + 0.6 \times 2.5}{5} = 0.8A$$

$$I_3 = \frac{U_{bc}}{R_3} = \frac{I_2R_2 - I_5R_5}{R_3} = \frac{0.6 \times 15 - 1.4 \times 5}{10} = 0.2A$$

$$I_4 = \frac{U_{ac}}{R_4} = \frac{(I_2 + I_5)R_a + I_5R_c}{R_4} = \frac{(0.6 + 1.4) \times 1.25 + 1.4 \times 2.5}{5} = 1.2A$$

三、电阻器的识别与测量

（一）电阻器的识别

1. 电阻的分类、特点及用途

电阻的种类较多，按制作的材料不同，可分为绕线电阻和非绕线电阻两大类。非绕线电阻因制造材料的不同，有碳膜电阻、金属膜电阻、金属氧化膜电阻、实心碳质电阻等。另外还有一类特殊用途的电阻，如热敏电阻、压敏电阻等。

常用的电阻元件的外形、特点与应用如表 1－1 所示。

表 1－1　常用电阻元件的外形、特点与应用

名称及实物图	特 点 与 应 用
碳膜电阻	碳膜电阻稳定性较高，噪声也比较低。一般在无线电通信设备和仪表中做限流、阻尼、分流、分压、降压、负载和匹配等用途
金属膜电阻	金属膜和金属氧化膜电阻用途和碳膜电阻一样，具有噪声低，耐高温，体积小，稳定性和精密度高等特点
实心碳质电阻	实心碳质电阻的用途和碳膜电阻一样，具有成本低，阻值范围广，容易制作等特点，但阻值稳定性差，噪声和温度系数大
绕线电阻	绕线电阻有固定和可调式两种。特点是稳定、耐热性能好，噪声小、误差范围小。一般在功率和电流较大的低频交流和直流电路中做降压、分压、负载等用途。额定功率大都在 1W 以上
电位器 (1)　(3) (2)　(4)	(1) 绕线电位器阻值变化范围小，功率较大； 　　(2) 碳膜电位器稳定性较高，噪声较小； 　　(3) 推拉式带开关碳膜电位器使用寿命长，调节方便； 　　(4) 直滑式碳膜电位器节省安装位置，调节方便

2. 电阻的类别和型号

随着电子工业的迅速发展，电阻的种类也越来越多，为了区别电阻的类别，在电阻上可用字母符号来标明，如图 1 - 47 所示。

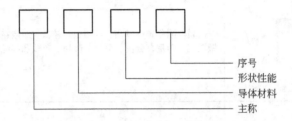

图 1 - 47　电阻类别及型号表示

电阻类别的字母符号标志说明见表 1 - 2，如"RT"表示碳膜电阻；"RJJ"表示精密金属膜电阻。

表 1 - 2　电阻的类别和型号标志

第一部分	主　称	R：电阻
		W：电位器
第二部分	导体材料	T：碳膜电阻
		J：金属膜电阻
		Y：金属氧化膜电阻
		X：绕线电阻
		M：压敏电阻
		G：光敏电阻
		R：热敏电阻
第三部分	形状性能	X：大小
		J：精密
		L：测量
		G：高功率
		1：普通
		2：普通
		3：超高频
		4：高阻
		5：高温
		8：高压
		9：特殊
第四部分	序　号	对主称、材料特征相同，仅尺寸性能指标略有差别，但基本上不影响互换的产品给同一序号，若尺寸、性能指标的差别已明显影响互换，则在序号后面用大写字母予以区别

3. 电阻的主要参数

电阻的主要参数是指电阻标称阻值、误差和额定功率。

（1）标称阻值和误差。为了便于大量生产，同时也让使用者在一定的允许误差范围内选用电阻，国家规定出一系列的阻值作为产品的标准，这一系列阻值就叫做电阻的标称阻值。另外，电阻的实际阻值也不可能做到与它的标称阻值完全一样，两者之间总存在一些偏差。最大允许偏差值除以该电阻的标称值所得的百分数就叫做电阻的误差。对于误差，国家也规定出一个系列。普通电阻的误差有 ±5%、±10%、±20% 三种，在标志上分别以Ⅰ、Ⅱ和Ⅲ表示。例如一只电阻上印有"47kⅡ"的字样，我们就知道它是一只标称阻值为47kΩ，最大误差不超过 ±10% 的电阻。误差为 ±2%、±1%、±0.5%…的电阻称为精密电阻。

（2）电阻的额定功率。当电流通过电阻时，电阻因消耗功率而发热。如果电阻发热的功率大于它所能承受的功率，电阻就会烧坏。所以电阻发热而消耗的功率不得超过某一数值。这个不至于将电阻烧坏的最大功率值就称为电阻的额定功率。电阻额定功率的标识如图 1 - 48 所示。

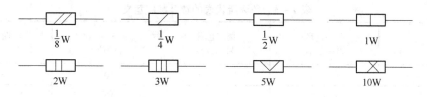

图 1 - 48　电阻的瓦数符号

4. 电阻的规格标注方法

电阻的类别、标称阻值及误差、额定功率一般都标注在电阻元件的外表面上，目前常用的标注方法有两种：

（1）直标法。直标法是将电阻的类别及主要技术参数直接标注在它的表面上，如图 1 - 49（a）所示。有的国家或厂家用一些文字符号标明单位，例如 3.3kΩ 标为 3k3，这样可以避免因小数点面积小，不易看清的缺点。

（2）色标法。色标法是将电阻的类别及主要技术参数用颜色（色环或色点）标注在它的表面上，如图 1 - 49（b）所示。碳质电阻和一些小碳膜电阻的阻值和误差，一般用色环来表示（个别电阻也有用色点表示的）。

色标法是在电阻元件的一端上画有三道或四道色环，紧靠电阻端的为第一色环，其余依次为第二、三、四色环。第一道色环表示阻值第一位数字，第二道色环表示阻值第二位数字，第三道色环表示阻值倍率的数字，第四道色环表示阻值的允许误差。

色环所代表数及数字意义见表 1 - 3。例如有一个电阻有四个色环颜色依次为：红、紫、黄、银。这个电阻的阻值为 270000Ω，误差为 ±10%（即 270k ±10%）；另有一个电阻标有棕、绿、黑三道色环，显然其阻值为 15Ω，误差为 ±20%（即 15Ω ±20%）；还有一个电阻的四个色环颜色依次为：绿、棕、金、银，其阻值为 5.1Ω，误差为 ±10%（即

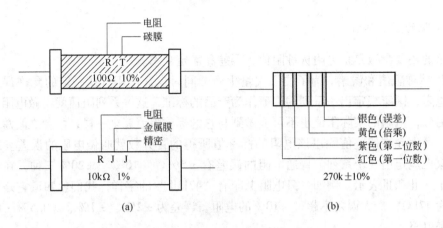

图 1-49　电阻规格标注法

(a) 直标法；(b) 色标法

5.1Ω±10%）。

用色点表示的电阻，其识别方法与色环表示法相同，这里不再重复。

表 1-3　色环所代表的数及数字意义

色　别	第一色环 第一位数	第二色环 第二位数	第三色环 应乘位数	第四色环 允许误差
棕　色	1	1	10^1	—
红　色	2	2	10^2	—
橙　色	3	3	10^3	—
黄　色	4	4	10^4	—
绿　色	5	5	10^5	—
蓝　色	6	6	10^6	—
紫　色	7	7	10^7	—
灰　色	8	8	10^8	—
白　色	9	9	10^9	—
黑　色	0	0	10^0	—
金　色	—	—	10^{-1}	±5%
银　色	—	—	10^{-2}	±10%
无　色				±20%

　　顺便指出，目前市售电阻元件中，碳膜电阻器的外层漆皮多呈绿色和蓝灰色，也有的为米黄色；金属膜电阻呈深红色，绕线电阻则呈黑色。

（二）电阻器的测量

1. 电阻器、电位器的检测

电阻器的主要故障是：过流烧毁、变值、断裂、引脚脱焊等。电位器还经常发生滑动触头与电阻片接触不良等情况。

（1）外观检查。对于电阻器，通过目测可以看出引线是否松动、折断或电阻体烧坏等外观故障。

对于电位器，应检查引出端子是否松动，接触是否良好，转动转轴时应感觉平滑，不应有过松过紧等情况。

（2）阻值测量。通常可用万用表欧姆挡对电阻器进行测量，需要精确测量阻值可以通过电桥进行。值得注意的是，测量时不能用双手同时捏住电阻或测试笔，否则，人体电阻与被测电阻器并联，影响测量精度。

电位器也可先用万用表欧姆挡测量总阻值，然后将表笔接于活动端子和引出端子，反复慢慢旋转电位器转轴，看万用表指针是否连续均匀变化，如指针平稳移动而无跳跃、抖动现象，则说明电位器正常。

2. 电阻器和电位器的选用方法

（1）电阻器的选用。类型选择：对于一般的电子线路，若没有特殊要求，可选用普通的碳膜电阻器，以降低成本；对于高品质的收录机和电视机等，应选用较好的碳膜电阻器、金属膜电阻器或线绕电阻器；对于测量电路或仪表、仪器电路，应选用精密电阻器；在高频电路中，应选用表面型电阻器或无感电阻器，不宜使用合成电阻器或普通的线绕电阻器；对于工作频率低，功率大，且对耐热性能要求较高的电路，可选线绕电阻器。

阻值及误差选择：阻值应按标称系列选取。有时需要的阻值不在标称系列，此时可以选择最接近这个阻值的标称值电阻，当然我们也可以用两个或两个以上的电阻器的串并联来代替所需的电阻器。

误差选择应根据电阻器在电路中所起的作用，除一些对精度特别要求的电路（如仪器仪表、测量电路等）外，一般电子线路中所需电阻器的误差可选用Ⅰ、Ⅱ、Ⅲ级误差即可。

额定功率的选取：电阻器在电路中实际消耗的功率不得超过其额定功率。为了保证电阻器长期使用不会损坏，通常要求选用的电阻器的额定功率高于实际消耗功率的两倍以上。

（2）电位器的选用。电位器结构和尺寸的选择：选用电位器时应注意尺寸大小和旋转轴柄的长短，轴端式样和轴上是否需要紧锁装置等。经常调节的电位器，应选用轴端铣成平面的，以便安装旋钮，不经常调整的，可选用轴端带刻槽的；一经调好就不在变动的，可选择带紧锁装置的电位器。

本 章 小 结

本章主要介绍了五个方面的内容。

1. 电路的基本概念

（1）电路的组成：电源、负载、中间环节。

（2）电路元件：在一定条件下忽略实际元器件的次要性能，只表现其主要电磁性能的理想化的元件。

（3）电路模型：由电路元件构成的电路称为电路模型。

2. 基本物理量，电压、电流参考方向和电功率的计算

（1）基本物理量：电流、电压、电位、电动势、电功率等。

（2）电压、电流的参考方向。

1）在分析电路以前，首先要假设电流、电压的参考方向。

2）参考方向任意假设。

3）根据假设的参考方向来计算，最后根据计算结果来判断实际方向：若计算结果为正，说明参考方向与实际方向一致；否则相反。

（3）电功率：

$$P = UI（U 与 I 关联参考方向）$$
$$或 \quad P = UI（U 与 I 非关联参考方向）$$

若 $P > 0$ 元件吸收电功率；若 $P < 0$ 元件发出电功率。

3. 电阻的连接及其等效变换

（1）电阻串联。

1）串联的各个电阻的电流相等。

2）电阻的串联网络的等效电阻等于各电阻之和。

3）串联电阻有"分压"作用。

（2）电阻并联。

1）并联的各个电阻的电压相等。

2）电阻的并联网络的等效电阻的倒数等于各电阻倒数之和或电阻的并联网络的等效电导等于各电阻的电导之和。

3）并联电阻有"分流"作用。

（3）电阻的混联。

4. 基本定律

（1）欧姆定律。

$$U = \pm IR$$

当电压与电流为关联参考方向时，取正号；当电压与电流为非关联参考方向时，取负号。

（2）基尔霍夫定律。

KCL：$\qquad\qquad\qquad\qquad \sum I = 0$

KVL：$\qquad\qquad\qquad\qquad \sum U = 0$

5. 电源的等效变换

（1）电压源与电流源等效变换的条件。

$$U_S = I_S R_i'$$
$$R_i = R_i'$$

（2）利用电源等效变换化简复杂电路的方法。

习　题

1. 如图 1-50 所示电路中，方框表示电路元件。试按图中标出的电压、电流参考方向及数值计算元件的功率，并判断元件是吸收还是发出功率。

2. 如图 1-51 所示电路中，已知电压 $U_S = 20V$，电流 $I_S = 10A$，电阻 $R = 5\Omega$，计算通过电压源的电

流 I、电流源两端的电压 U，并判断电路中哪一个元件作为电源使用。

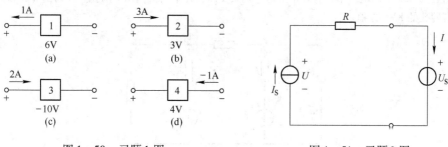

图 1-50　习题 1 图　　　　　　　图 1-51　习题 2 图

3. 一个电流表的内阻是 0.44Ω、量程是 1V。如果有人将表误作为电压表接于 220V 的电源上，电流表中将流过多大的电流？会产生什么样的后果？

4. 求图 1-52 所示各电路中的 R、U 及 i。

图 1-52　习题 3 图

5. 已知图 1-53 所示的电路，求图中 A 点的电位。

6. 求图 1-54 中开关断开和合上时 A 点的电位。

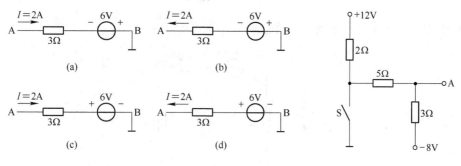

图 1-53　习题 5 图　　　　　　　图 1-54　习题 6 图

7. 如图 1-55 所示电路中，已知电压 $U_{S1}=10V$，$U_{S2}=5V$，$R_1=5\Omega$，$R_2=10\Omega$，电容 $C=0.1F$，电

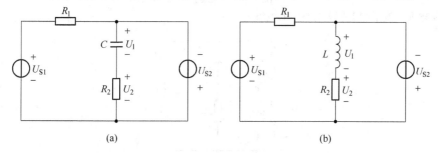

图 1-55　习题 7 图

感 $L = 0.1H$，求电压 U_1、U_2。

8. 在图 1-56 所示电路中，有几个节点，几条支路，几个回路，几个网孔。并列出 a 点和 b 点 KCL 以及所有网孔的 KVL 方程。

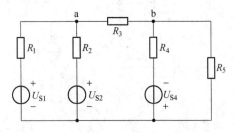

图 1-56　习题 8 图

9. 求图 1-57 所示各电路 AB 端的等效电路。

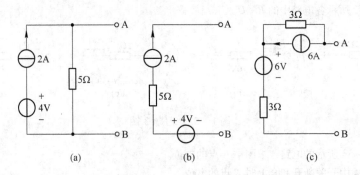

(a)　　　　　　　　(b)　　　　　　　　(c)

图 1-57　习题 9 图

10. 用电源变换法求图 1-58 电路中的电流 I。

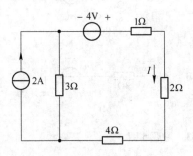

图 1-58　习题 10 图

11. 用电源变换求图 1-59 电路中的电流 I。

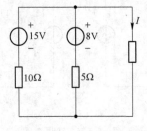

图 1-59　习题 11 图

12. 用电源变换求图 1 – 60 电路中的电流 I 及电流源的功率。

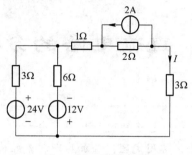

图 1 – 60   习题 12 图

第二章　直流电路的分析方法

内容提要：本章主要介绍电路的运行状态，分析求解线性电路的基本方法：支路电流法和节点电压法，常用定理：叠加原理、戴维南定理和诺顿定理。通过一些典型例题的介绍，使读者能够较好地掌握这些分析方法，需要说明的是这些方法不但适用于直流线性电路，同时也适合于交流线性电路。

对于线性网络电路，由于其组成电路的元件皆为线性元件，通常采用支路电流法、节点电压法等分析方法，同时电路蕴含着一些简单关系，这些关系被概括为几个线性网络定理，主要包括叠加原理、戴维南定理和诺顿定理。

第一节　电路运行状态

电源、负载通过中间环节构成回路，根据电源的工作情况，电路有三种工作状态：有载工作状态（通路）、开路和短路状态。

一、有载工作状态

将图 2−1(a) 所示电路的开关 S 闭合，电源与负载接通，电路中有电流流过，此时电路处于有载状态。电路中的电流为

$$I = \frac{U_S}{R_0 + R_L} \tag{2−1}$$

式中，U_S 为电源电动势；R_0 为电源内阻，通常很小；R_L 为负载电阻。

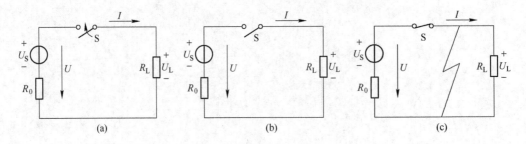

图 2−1　电路的工作状态

电源的端电压等于负载的端电压

$$U = U_L = IR_L = U_S - IR_0 \tag{2−2}$$

可见，电源的端电压与电源的内阻有关，等于电源电动势减去电源内阻的电压降，并且端电压恒小于电源电动势，电流 I 越大，R_0 上的压降越大，电源输出的端电压越小。

负载消耗的功率 P 为

$$P = U_s I - I^2 R_0 = I^2 R_L \qquad (2-3)$$

在有载工作状态下，电路的特点是：电流 $I \neq 0$，端电压 $U < U_s$，电源的功率取决于负载的电流大小。

二、开路（断路）

当开关 S 断开，电源未与负载接通的状态称为开路状态，如图 2-1(b) 所示。在开路时，电路中的电流 $I = 0$，负载的电压 $U_L = 0$，这时电源的端电压 $U = U_s$，功率 $P = 0$。

三、短路

当电源两端被导线连接后，这时电流不经过负载而是直接经过导线形成闭合回路，这种情况称为短路，如图 2-1(c) 所示。短路时电路中的电流为

$$I = I_{SC} = \frac{U_s}{R_0} \qquad (2-4)$$

由于电源内阻很小，所以短路电流 I_{SC} 很大，容易烧坏电源，因此通常在电源的开关后安装保险丝来保护电源。

第二节　支路电流法

支路电流法是以支路电流为未知量，利用基尔霍夫定律列出所需要的方程组成方程组，来求解各支路电流的方法。

现以图 2-2 所示电路为例，说明支路电流法的应用。在该电路中可以看到有三条支路 $b = 3$，两个节点 $n = 2$，两个网孔 $m = 2$。假设各支路电流 I_1、I_2、I_3 的参考方向如图所示。

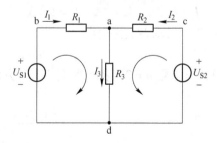

图 2-2　支路电流法

首先，由 KCL 定律可以列出两个节点的电流方程：

节点 a： $\qquad\qquad\qquad I_1 + I_2 - I_3 = 0$

节点 d： $\qquad\qquad\qquad -I_1 - I_2 + I_3 = 0$

观察上述两个方程可知，这两个 KCL 方程实际上是一样的，也就是说，对于节点 a、

d 来说只能列出一个独立的 KCL 方程。推而广之，对节点数为 n 的电路，根据 KCL 定律，只能列出 $(n-1)$ 个独立的节点电流方程。

其次，由 KVL 定律同样也可以对电路中的三个回路列出三个相应的回路电压方程，但这些方程也不全是独立的。可以证明，如果假设电路的支路数为 b，则独立的回路电压方程数 l 为：

$$l = b - (n-1) \tag{2-5}$$

从式（2-5）可以得到，独立的方程数正好等于网孔数。因此为了方便起见，通常只列出网孔的 KVL 方程即可。在图 2-2 中，假设网孔的绕行方向如图所示，则

网孔 adba：$\qquad\qquad I_1 R_1 + I_3 R_3 - U_{S1} = 0$

网孔 adca：$\qquad\qquad I_2 R_2 + I_3 R_3 - U_{S2} = 0$

综上所述，对于一个具有 n 个节点，b 条支路的电路，利用支路电流法分析计算电路的步骤可归纳如下：

（1）确定电路的支路数、节点数和网孔数，选取并标出各支路电流的参考方向。

（2）根据 KCL 列出 $(n-1)$ 个独立的节点电流方程。

（3）根据 KVL 列出 m 个网孔的电压方程。

（4）联立求解得出各支路的电流，进而求解出电路中的其他响应。

例 2-1　在图 2-3 电路中，$U_{S1}=15V$、$U_{S2}=4.5V$、$U_{S3}=9V$、$R_1=15\Omega$、$R_2=1.5\Omega$、$R_3=1\Omega$，试用支路法求各支路电流。

解：

（1）这个电路的支路数 $b=3$、节点数 $n=2$、网孔数 $l=2$，各支路电流 I_1、I_2、I_3 的参考方向如图所示。

（2）根据 KCL 列出独立的电流方程：

$$I_1 + I_3 - I_2 = 0$$

（3）根据 KVL 列出网孔的电压方程：

网孔 I：$\qquad\qquad I_1 R_1 - I_3 R_3 + U_{S3} - U_{S1} = 0$

网孔 II：$\qquad\qquad I_2 R_2 + U_{S2} - U_{S3} + I_3 R_3 = 0$

（4）联立解得：$\qquad I_1 = 0.5A，I_2 = 2A，I_3 = 1.5A$

例 2-2　电路如图 2-4 所示，求各支路电流。

解：

（1）电路的支路数 $b=3$，节点数 $n=2$，各支路电流参考方向如图 2-4 所示。

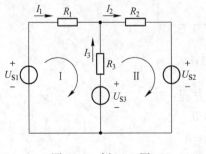

图 2-3　例 2-1 图

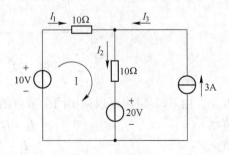

图 2-4　例 2-2 图

（2）根据 KCL 列出独立的电流方程：

$$I_1 + I_3 - I_2 = 0$$

其中理想电流源的电流 $I_3 = 3A$，所以

$$I_1 - I_2 + 3 = 0$$

（3）根据 KVL 列出网孔的电压方程，由于理想电流源的电流已经知道，因此只需列出网孔 I 的即可。

网孔 I：　　　　　　　　　$10I_1 + 10I_2 + 20 - 10 = 0$

（4）联立解得：　　　　　　$I_1 = -2A,\ I_2 = 1A$

其中 I_1 为负值，表明电流的实际方向与参考方向相反。

支路电流法是直接应用 KCL、KVL 列出相应的方程求解电流的方法，因此这种方法适合于任意电路。但当电路的支路数较多而又只需求出某一条支路电流时，用支路电流法求解就较为复杂。

第三节　节点电压法

节点电压法是计算电路的基本方法之一，它是支路电流法的一种改进，对分析支路数较多、节点数较少的电路比较方便，尤其是仅有两个节点的电路。本节只介绍两个节点的节点电压法。

节点电压法是以电路中的节点电压作为未知量，运用 KCL 来求解未知电流和电压的分析方法。所谓节点电压是指两个节点之间的电压。为了分析方便，通常选其中的一个节点作为参考点，则节点电压就等于该节点对参考点的电位。

下面以图 2-5 为例，来介绍节点电压法。假设选 b 点作为参考点，则节点电压 $U_{ab} = V_a$。如果各支路电流的参考方向如图所示，那么各支路电流可以用节点电压 V_a 表示如下：

$$I_1 = \frac{U_{S1} - V_a}{R_1}$$

$$I_2 = \frac{U_{S2} + V_a}{R_2}$$

$$I_3 = I_S$$

$$I_4 = \frac{V_a}{R_4} \tag{2-6}$$

列出节点 a 的 KCL 方程：

$$I_1 - I_2 + I_3 - I_4 = 0 \tag{2-7}$$

将式（2-2）代入式（2-3）整理可得：

$$V_a = \frac{\dfrac{U_{S1}}{R_1} - \dfrac{U_{S2}}{R_2} + I_S}{\dfrac{1}{R_1} + \dfrac{1}{R_2} + \dfrac{1}{R_4}} = \frac{\sum \dfrac{U_{SK}}{R_K} + \sum I_S}{\sum \dfrac{1}{R}} \tag{2-8}$$

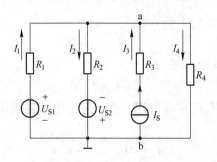

图 2 - 5　节点电压法

其中式（2 - 8）注意的问题：

（1）本公式只适合于两个节点的电路。

（2）公式的分母是指各支路电阻的倒数之和，其中不包括恒流源支路的电阻。

（3）公式的分子是指各支路等效为电流源时各恒流源（包括原有的恒流源 I_S）的代数和，其中方向规定为：恒流源的电流与节点电压方向相反时取 " + "，相同时取 " – "。

例 2 - 3　用节点电压法求图 2 - 6 中各支路中的电流。已知：$U_{S1} = 20V$，$R_1 = 4\Omega$，$R_2 = 10\Omega$，$R_3 = 20\Omega$，$I_S = 1A$。

解：根据式（2 - 8）：

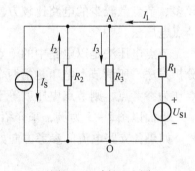

$$V_A = \frac{\dfrac{U_{S1}}{R_1} - I_S}{\dfrac{1}{R_1} + \dfrac{1}{R_2} + \dfrac{1}{R_3}} = \frac{\dfrac{20}{4} - 1}{\dfrac{1}{4} + \dfrac{1}{10} + \dfrac{1}{20}} = 10V$$

各支路电流为：

$$I_1 = \frac{U_{S1} - V_A}{R_1} = \frac{20 - 10}{4} = 2.5A$$

$$I_2 = \frac{- V_A}{R_2} = \frac{-10}{10} = -1A$$

图 2 - 6　例 2 - 3 图

$$I_3 = \frac{V_A}{R_3} = \frac{10}{20} = 0.5A$$

其中 $I_2 = -1A$，表示电流的实际方向与参考方向相反。

从上面的例题中可以看出，电路只有两个节点时用节点电压法比支路电流法要简单多了，只要根据公式求出节点电压，利用 KCL、KVL 就可以很容易求出未知量。

第四节　叠 加 原 理

一、叠加原理的内容

由线性元件所组成的电路，称为线性电路。叠加原理是线性电路的一个重要定理，应用这一定理，常常使线性电路的分析变得十分方便。

叠加原理指出：在线性电路中，当有多个电源共同作用时，任一支路中的电流（或电压）等于各个电源单独作用时在该支路中产生电流（或电压）的代数和。当某一电源单独作用时，其他不作用的电源应置为零（电压源电压为零，电流源电流为零），即电压源用短路代替，电流源用开路代替。

例2－4 如图2－7(a) 所示电路，已知 $U_{S1} = 27V$，$U_{S2} = 13.5V$，$R_1 = 1\Omega$，$R_2 = 3\Omega$，$R_3 = 6\Omega$，用叠加定理计算电流 I 和 R_3 的功率。

解：

(1) 应用叠加原理将图2－7(a) 分为两个电源单独作用的电路，如图2－7(b)、(c) 所示。

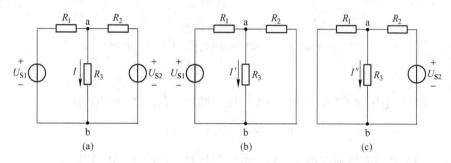

图2－7 例2－4图

(a) 电路图；(b) U_{S1} 作用；(c) U_{S2} 作用

当 U_{S1} 单独作用时，如图2－7(b) 所示：

$$I' = \frac{U_{S1}}{R_1 + \dfrac{R_2 R_3}{R_2 + R_3}} \times \frac{R_2}{R_2 + R_3} = \frac{27}{1 + \dfrac{3 \times 6}{3 + 6}} \times \frac{3}{3 + 6} = 3A$$

当 U_{S2} 单独作用时，如图2－7(c) 所示：

$$I'' = \frac{U_{S2}}{R_2 + \dfrac{R_1 R_3}{R_1 + R_3}} \times \frac{R_1}{R_1 + R_3} = \frac{13.5}{3 + \dfrac{1 \times 6}{1 + 6}} \times \frac{1}{1 + 6} = 0.5A$$

当 U_{S1}、U_{S2} 共同作用时，由叠加原理可得：

$$I = I' + I'' = 3 + 0.5 = 3.5A$$

(2) 求 R_3 的功率：

$$P = I^2 R_3 = 3.5^2 \times 6 = 73.5W \neq I'^2 R_3 + I''^2 R_3 = 3^2 \times 6 + 0.5^2 \times 6 = 55.5W$$

由此可见，叠加原理不能用来计算功率，只能用来计算电压和电流。

二、使用叠加原理应注意的问题

使用叠加原理时应注意以下几个问题：

(1) 叠加原理仅适用于线性电路，不适用于非线性电路；仅适用于电压、电流的计算，不适用于功率的计算。

(2) 当电路中某一独立电源单独作用时，其他电源都应为零，即电压源代之以短路，电流源代之以开路。

（3）应用叠加原理求电压、电流时，应特别注意各分量的符号。若分量的参考方向与原电路中的参考方向一致，则该分量取正号；反之取负号。

例 2 - 5　如图 2 - 8(a) 所示电路，试用叠加原理计算电压 U。

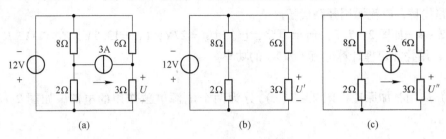

图 2 - 8　例 2 - 5 图

（a）电路图；（b）12V 电源作用；（c）3A 电源作用

解：

（1）当 12V 电压源单独作用时，3A 电流源断路，如图 2 - 8(b) 所示：

$$U' = -\frac{12}{6+3} \times 3 = -4V$$

（2）当 3A 电流源单独作用时，12V 电压源短路，如图 2 - 8(c) 所示：

$$U'' = 3 \times \frac{6}{6+3} \times 3 = 6V$$

（3）当两电源共同作用时，由叠加定理可得：

$$U = U' + U'' = -4 + 6 = 2V$$

从上面的例子可以看出，叠加原理实际上是将一个多电源作用的复杂电路分解为多个单电源作用的简单电路，力求简化计算，但在求解过程中需要不断对电路进行变换，因此当电源个数较多时会使整个计算过程变得繁琐。但作为线性电路的一个普遍原理，在分析线性电路或线性系统时还是非常有用的。

第五节　戴维南定理和诺顿定理

在实际的电路分析中，有时只需要研究某一条支路的电压、电流或功率，因此，对所研究的支路而言，电路的其余部分就构成一个有源二端网络。戴维南定理和诺顿定理说明的就是如何将一个线性有源二端网络等效为一个电源的重要定理。下面我们首先介绍一下二端网络。

一、有源二端网络

在二端网络中，含有电源的二端网络称为有源二端网络，如图 2 - 9 所示。任何一个有源二端网络最终也可以用一个电压源或电流源来等效。

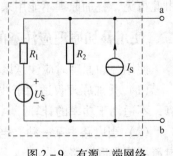

图 2 - 9　有源二端网络

二、戴维南定理

戴维南定理指出：任何一个线性有源二端网络，对于外电路而言，都可以用一个理想的电压源和内阻相串联的电路模型来等效，如图 2-10(a) 所示。其中等效电压源的电压 U_{oc} 等于有源二端网络的开路电压 U_{ab}（将负载 R_L 断开后 a、b 两端点之间的电压），等效电源的内阻 R_i 等于有源二端网络中所有电源为零（恒压源短路，恒流源开路）后所得到的无源二端网络 a、b 两端之间的等效电阻 R_{ab}，如图 2-10(b) 所示。

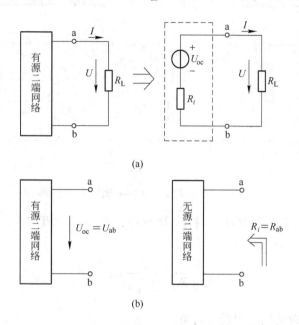

图 2-10 戴维南定理示意图

下面举例说明应用戴维南定理求解电路的步骤。

例 2-6 如图 2-11(a) 所示：$R_L = 3\Omega$，（1）利用戴维南定理求 R_L 中的电流。（2）若 R_L 可变，当 R_L 取多大时，可以从电路中获得最大功率。

解：

（1）用戴维南定理求 R_L 中电流的步骤。

步骤 1：断开 R_L。先将待求元件 R_L 从 a、b 处断开，如图 2-11(b) 所示，则电路变成了有源二端网络，根据戴维南定理可以将它等效成电压源。

步骤 2：求有源二端网络的开路电压 U_{oc}。在图 2-11(b) 中：

$$U_{oc} = U_{ab} = U_{ac} + U_{cb} = -6 + \frac{\frac{12}{4} + 3}{\frac{1}{4} + \frac{1}{2}} = 2V$$

步骤 3：求内电阻 R_i。将恒压源短路、恒流源断路，得图 2-11(c) 所示的无源二端网络。

$$R_i = R_{ab} = \frac{4 \times 2}{4 + 2} = \frac{4}{3}\Omega$$

则有源二端网络等效成电压源的模型，如图 2 - 11(d) 所示。

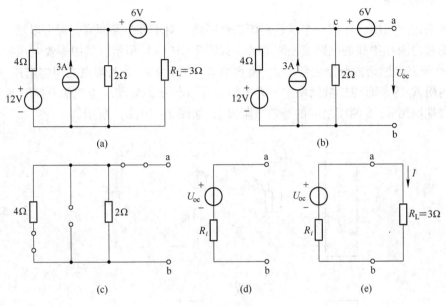

图 2 - 11　例 2 - 6 图

步骤 4：接 R_L。将 R_L 接到戴维南等效电路中，求出 I，如图 2 - 11(e) 所示。注意求出 I 的方向要与原图的方向一致。

$$I = \frac{U_{oc}}{R_i + R_L} = \frac{2}{\frac{4}{3} + 3} = 0.46\text{A}$$

(2) 求 R_L 多大时可以获得最大功率。

在图 2 - 11(e) 中，电阻 R_L 吸收的功率为：

$$P_{R_L} = R_L I^2 = \frac{U_{oc}^2 R_L}{(R_i + R_L)^2}$$

如果 R_L 可变，则 P_{R_L} 的最大值发生在 $\frac{\mathrm{d}P_{R_L}}{\mathrm{d}R_L} = 0$ 的情况下，这时 $R_L = R_i$，即当 $R_L = \frac{4}{3}\Omega$ 时电阻获得最大功率，其最大功率是

$$P_{max} = \frac{U_{oc}^2}{4R_L} = \frac{U_{oc}^2}{4R_i} = \frac{2^2}{4 \times \frac{4}{3}} = 0.75\text{W}$$

在本例题的求解中第一步只断开了电阻 R_L，也可以断开整条支路 6V 电源和 R_L，如果把整条支路都断开的话，等效的电源该如何求呢？请读者自己考虑。

戴维南定理不但适合只计算某一条支路的电流或电压，同样也适合分析某一参数变化时对电流、电压产生的影响或只计算含有一个非线性元件的电路。

例 2 - 7　如图 2 - 12(a) 所示的桥式电路中，已知：$R_1 = R_2 = R_4 = 5\Omega$，$R_3 = 10\Omega$，中间是一个检流计，其中电阻 $R_G = 10\Omega$。试求检流计中的电流。

解：分析：由于只求一个支路的电流，因此可以应用戴维南定理来求。首先把含有检流计的支路从电路中划分出来，然后剩下的部分构成了一个有源二端网络，这时就可以按

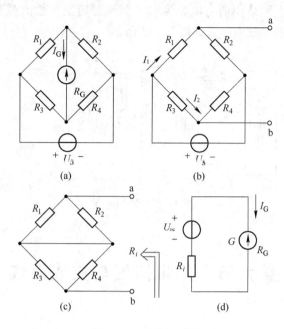

图 2 - 12　例 2 - 7 图

照戴维南定理求解的步骤来求解。

（1）断开检流计 G，如图 2 - 12（b）所示。

（2）求开路电压 U_{oc}，在图 2 - 12（b）中：

$$I_1 = \frac{U_S}{R_1 + R_2} = \frac{12}{5 + 5} = 1.2A$$

$$I_2 = \frac{U_S}{R_3 + R_4} = \frac{12}{10 + 5} = 0.8A$$

$$U_{oc} = U_{ab} = I_1 R_2 - I_2 R_4 = 5 \times 1.2 - 5 \times 0.8 = 2V$$

（3）求等效电阻 R_i，如图 2 - 12（c）所示：

$$R_i = R_{ab} = \frac{R_1 R_2}{R_1 + R_2} + \frac{R_3 R_4}{R_3 + R_4} = \frac{5 \times 5}{5 + 5} + \frac{10 \times 5}{10 + 5} = 2.5 + 3.3 = 5.8\Omega$$

（4）接入检流计 G，如图 2 - 12（d）所示：

$$I_G = \frac{U_{oc}}{R_i + R_G} = \frac{2}{5.8 + 10} = 0.126A$$

三、诺顿定理

在第一章已经讲过恒压源与电阻的串联组合可以等效变换为恒流源与电阻的并联组合，因此，一个线性有源二端网络既然可以用一恒压源与电阻串联组合等效，也可以用一电流源与电阻并联组合等效。

诺顿定理指出：任何一个线性有源二端网络，对外电路而言，总可以用一个恒流源和一个电阻并联的电路模型来等效，其中这个恒流源的电流等于该二端网络的短路电流，并联的电阻等于有源二端网络中所有电源为零（恒压源短路，恒流源开路）后所得到的无源二端网络两端之间的等效电阻，如图 2-13 所示。

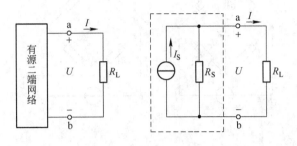

图 2-13　诺顿定理

第六节　知识拓展与技能训练

一、万用表的原理

（一）指针式万用表

1. 结构

指针式万用表由表头、测量电路及转换开关三个主要部分组成。

（1）表头。它是高灵敏度的磁电式直流电流表，见图 2-14。万用表的主要性能指标基本上取决于表头的性能。表头的灵敏度是指表头指针满刻度偏转时流过表头的直流电流值，这个值越小，表头的灵敏度愈高。测电压时的内阻越大，其性能就越好。表头上有四条刻度线，它们的功能如下：第一条（从上到下）标有 R 或 Ω，指示的是电阻值，转换开关在欧姆挡时，即读此条刻度线。第二条标有"⌒"和"VA"，指示的是交、直流电压和直流电流值，当转换开关在交、直流电压或直流电流挡，量程在除交流 10V 以外的其他位置时，即读此条刻度线。第三条标有 10V，指示的是 10V 的交流电压值，当转换开

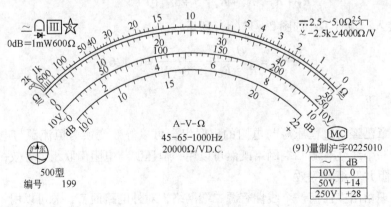

图 2-14　指针式表头结构

关在交、直流电压挡，量程在交流 10V 时，即读此条刻度线。第四条标有 dB，指示的是音频电平。

（2）测量线路。测量线路是用来把各种被测量转换到适合表头测量的微小直流电流的电路，它由电阻、半导体元件及电池组成。它能将各种不同的被测量（如电流、电压、电阻等）、不同的量程，经过一系列的处理（如整流、分流、分压等）统一变成一定量限的微小直流电流送入表头进行测量。

（3）转换开关。其作用是用来选择各种不同的测量线路，以满足不同种类和不同量程的测量要求。转换开关一般有两个，分别标有不同的挡位和量程。

2. 符号含义

（1）∿表示交直流。

（2）V – 2.5kV 4000Ω/V 表示对于交流电压及 2.5kV 的直流电压挡，其灵敏度为 4000Ω/V。

（3）A – V – Ω 表示可测量电流、电压及电阻。

（4）45 – 65 – 1000Hz 表示使用频率范围为 1000Hz 以下，标准工频范围为 50Hz。

（5）2000Ω/V DC 表示直流挡的灵敏度为 2000Ω/V。

（二）数字万用表

现在，数字式测量仪表已成为主流，有取代指针式仪表的趋势。与指针式仪表相比，数字式仪表灵敏度高，准确度高，显示清晰，过载能力强，便于携带，使用更简单。

1. 结构

数字万用表（见图 2 – 15）主要由直流数字电压表（DVM）和功能转换器构成，数字电压表是数字万用表的核心。数字电压表由数字部分及模拟部分构成，主要包括 A/D（模拟/数字）转换器、显示器（LCD）、逻辑控制电路等。被测量经功能转换器（电阻/电压、电压/电压、电流/电压）后都变成直流电压量，再由 A/D 转换器转换成数字量，最后以数字形式显示出来。

2. 各部分作用

以 DT 9202 型数字万用表为例，它由 LCD 液晶显示屏、电源开关、测量选择开关、表笔插孔、电容器插孔和晶体管插孔等部分构成。各部分的作用如下。

（1）LCD 液晶显示屏。DT 9202 型数字万用表的 LCD 液晶显示屏有 3½ 位数字，可以直接显示三位半数字字符，小数点根据需要自动移动，负号 " – " 根据测量结果自动显示，最大可显示 "1999" 或 " – 1999"。

（2）电源开关。按下接通电源，万用表处于准备状态；弹出则切断电源，万用表不工作。

（3）三极管插孔。控制面板的右下角是晶体管插孔，插孔左边标注为 "PNP"，检测 PNP 型三极管时插入此孔；插孔右边标注为 "NPN"，检测 NPN 型三极管时插入此孔。将转换开关置于 hFE 挡，根据管子是 PNP 或 NPN 型，将其引脚插入对应的插孔中，按下电源开关，即可读出该管子的 β 值。

（4）测量选择开关。按下电源开关，转动此开关可分别测量二极管的好坏、电阻、

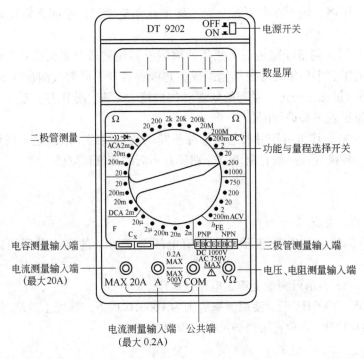

图 2－15　数字万用表

直流电压、交流电压、直流电流、交流电流、电容、晶体管的 hFE 及环境温度。

（5）表笔插孔。从左到右，四个表笔插孔依次为 20A、mA、COM、VΩ。"COM"是负表笔插孔，即公共端插孔；"VΩ"是电压、电阻测量插孔；"mA"是毫安级电流测量插孔；"20A"是安培级电流测量插孔。使用时，通常将黑表笔插入"COM"插孔，红表笔根据测量需要插入相应的正表笔插孔。

（6）电容器插孔。控制面板的左下角是电容器插孔，插孔上边标注为"C_x"，检测电容器时插入此孔，将转换开关根据电容器的容量置于相对应的挡位，按下电源开关，即可读出该电容器的容量值。

二、用万用表测量电流、电压和电位

（一）用指针式万用表对电流、电压和电位的测量

1. 操作步骤

（1）熟悉表盘上各符号的意义及各个旋钮和选择开关的主要作用。

（2）进行机械调零。

（3）根据被测量的种类及大小，选择转换开关的挡位及量程，找出对应的刻度线。

（4）选择表笔插孔的位置。

2. 电压测量

测量电压（或电流）时要选择好量程，如果用小量程去测量大电压，则会有烧表的

危险；如果用大量程去测量小电压，那么指针偏转太小，无法读数。量程的选择应尽量使指针偏转到满刻度的2/3左右。如果事先不清楚被测电压的大小时，应先选择最高量程挡，然后逐渐减小到合适的量程。

（1）交流电压的测量：将万用表的一个转换开关置于交、直流电压挡，另一个转换开关置于交流电压的合适量程上，万用表两表笔和被测电路或负载并联即可。

（2）直流电压的测量：将万用表的一个转换开关置于交、直流电压挡，另一个转换开关置于直流电压的合适量程上，且"＋"表笔（红表笔）接到高电位处，"－"表笔（黑表笔）接到低电位处，即让电流从"＋"表笔流入，从"－"表笔流出。若表笔接反，表头指针会反方向偏转，容易撞弯指针。

3. 电流测量

测量直流电流时，将万用表的一个转换开关置于直流电流挡，另一个转换开关置于50μA到500mA的合适量程上，电流的量程选择和读数方法与电压一样。测量时必须先断开电路，然后按照电流从"＋"到"－"的方向，将万用表串联到被测电路中，即电流从红表笔流入，从黑表笔流出。如果误将万用表与负载并联，则因表头的内阻很小，会造成短路烧毁仪表。其读数方法如下：

$$实际值＝指示值×量程/满偏$$

4. 注意事项

（1）在测电流、电压时，不能带电换量程。

（2）选择量程时，要先选大的，后选小的，尽量使被测值接近于量程。

（3）用毕，应使转换开关在交流电压最大挡位或空挡上。

（二）用数字式万用表对电流、电压和电位的测量

以DT 9202型数字万用表为例，介绍其使用方法和注意事项。

1. 操作前注意事项

（1）将ON－OFF开关置于ON位置，检查9V电池，如果电池电压不足，在显示器上将显示 　　　 ，这时则应更换电池。

（2）测试表笔插孔旁边的△！符号，表示输入电压或电流不应超过标示值，这是为保护内部线路免受损伤。

（3）测试前，功能开关应放置于所需量程上。

2. 电压测量

（1）如果不知道被测电压范围，将功能开关置于大量程并逐渐降低量程，不能在测量中改变量程。

（2）如果显示"1"，表示过量程，功能开关应置于更高的量程。

（3）△！表示不要输入高于万用表要求的电压，显示更高的电压只是可能的，但有损坏内部线路的危险。

（4）当测高压时，应特别注意避免触电。

3. 电流测量

（1）如果使用前不知道被测电流范围，将功能开关置于最大量程并逐渐降低量程，不能在测量中改变量程。

（2）如果显示器只显示"1"，表示过量程，功能开关应置于更高量程。

（3）△！上表示最大输入电流为 200mA 或 20A，取决于所使用的插孔，过大的电流将烧坏保险丝，20A 量程无保险丝保护。

4. 保养注意事项

数字万用表是一种精密电子仪表，不要随意更改线路，并注意以下几点：

（1）不要超量程使用。

（2）不要在电阻挡或 ⊶ 挡时，测量电压信号。

（3）在电池没有装好或后盖没有上紧时，请不要使用此表。

（4）只有在测试表笔从万用表移开并切断电源后，才能更换电池和保险丝。电池更换，注意 9V 电池的使用情况，如果需要更换电池，打开后盖螺丝，用同一型号电池更换；更换保险丝时，请使用相同型号的保险丝。

本 章 小 结

本章主要介绍了以下几个方面的内容：

1. 电路的三种工作状态

掌握有载、短路和断路时电路的电压和电流的特点。

2. 求解复杂电路的四种方法

（1）支路电流法：以每条支路中的电流为未知量，运用基尔霍夫定律求解的方法。适合求未知量较多的电路。

步骤：1）先假设各支路电流的参考方向。

2）先列 $(n-1)$ 个 KCL 方程。

3）再列 m 个网孔的 KVL 方程。

4）组成方程组求解。

（2）节点电压法：以节点电压作为未知量，然后利用基尔霍夫求解电路的方法。适合两个节点的电路。

$$V_a = \frac{\dfrac{U_{S1}}{R_1} - \dfrac{U_{S2}}{R_2} + I_S}{\dfrac{1}{R_1} + \dfrac{1}{R_2} + \dfrac{1}{R_4}} = \frac{\sum \dfrac{U_{SK}}{R_K} + \sum I_S}{\sum \dfrac{1}{R}}$$

求出节点电压后，再利用 KCL 和 KVL 求出其他未知量。

（3）叠加原理：在线性电路中，当有多个电源共同作用时，任一支路中的电流（或电压）等于各个电源单独作用时在该支路中产生的电流（或电压）的代数和。当某一电源单独作用时，其他不作用的电源应置为零（电压源电压为零，电流源电流为零），即电压源用短路代替，电流源用开路代替。

$$U = U' + U'' + U''' + \cdots$$

$$I = I' + I'' + I''' + \cdots$$

叠加原理实际上是把复杂电路分解成若干个简单的电路。它只适合线性电路电压和电流的叠加，不适合功率的叠加。

（4）戴维南定理：是把有源二端网络等效成电压源的方法，适合求一个未知量的电路。

步骤 1：断，即断开待求支路。

步骤 2：求开路电压 U_{oc}。

步骤 3：求等效电阻 R_i。

步骤 4：接，即把待求支路接入等效电路中。

（5）诺顿定理是把有源二端网络等效成电流源的方法。

1. 求图 2 – 16 电路中各支路电流。

2. 用支路电流法和节点电压法求图 2 – 17 电路中各支路的电流。

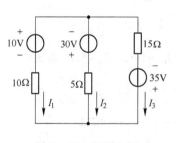

图 2 – 16　习题 1 图

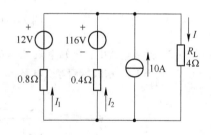

图 2 – 17　习题 2 图

3. 用叠加原理求 2 – 18 电路中 6Ω 电阻的电流。

4. 如图 2 – 19 所示，试用叠加原理计算未知电流 I。

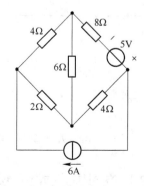

图 2 – 18　习题 3 图

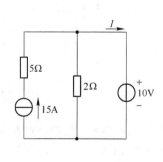

图 2 – 19　习题 4 图

5. 求图 2 - 20 所示各电路的电压 U。

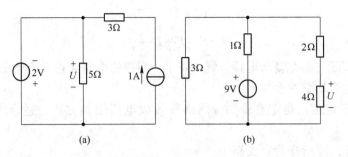

图 2 - 20　习题 5 图

6. 在图 2 - 21 所示电路中，已知电阻 $R_1 = R_3 = 1\Omega$，$R_2 = 2\Omega$，$R_4 = R_5 = 3\Omega$，电压 $U_s = 3V$，$I_s = 9A$，求电压 U_5。

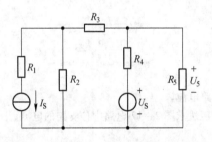

图 2 - 21　习题 6 图

7. 在图 2 - 22 所示电路中，已知电阻 $R_1 = R_2 = 2\Omega$，$R_3 = 50\Omega$，$R_4 = 5\Omega$，电压 $U_{S1} = 6V$，$U_{S2} = 10V$，$U_{S3} = 15V$，$I_{S4} = 1A$，求戴维南等效电路。

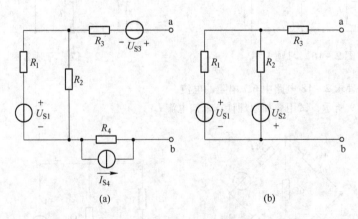

图 2 - 22　习题 7 图

8. 在图 2 - 23 所示电路中，已知电阻 $R_1 = 40\Omega$，$R_2 = 36\Omega$，$R_3 = R_4 = 60\Omega$，电压 $U_{S1} = 100V$，$U_{S2} = 90V$，用叠加定理求电流 I_2。

9. 在图 2 - 24 所示电路中，已知电阻 $R_1 = 3\Omega$，$R_2 = 6\Omega$，$R_3 = 1\Omega$，$R_4 = 2\Omega$，电压 $U_s = 3V$，$I_s = 3A$，试用戴维南定律求电压 U_1。

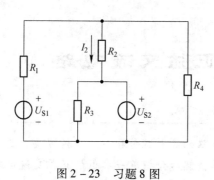

图 2 - 23　习题 8 图

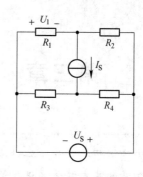

图 2 - 24　习题 9 图

10. 在图 2 - 25 所示电路中，若图中电阻 R_L 可以变化，求：$R_L = 1\Omega$ 时的电流 I；当 $R_L = 6\Omega$ 时电流 I 又变成多少？

11. 在图 2 - 26 所示电路中，负载电阻 R_L 等于多大时可以获得最大功率，并求出其最大值。

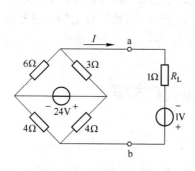

图 2 - 25　习题 10 图

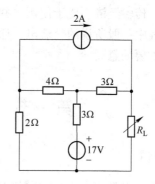

图 2 - 26　习题 11 图

第三章　单相正弦交流电路

内容提要：本章主要讨论正弦交流电路的基本概念和基本分析方法。首先介绍正弦量的基本概念、正弦量的相量表示，然后介绍单一参数的正弦交流电路及 R、L 串联电路，R、L、C 串联电路，最后介绍正弦交流电路的功率和功率因数提高及谐振的相关知识。

发电厂的发电机发出的是大小和方向都随时间按正弦规律变化的交流电。正弦交流电容易产生、传输经济、便于使用，并能用变压器改变电压，因此在生产和生活中得到广泛应用。工程中一般所说的交流电，通常都指正弦交流电。因此，分析和讨论正弦交流电路具有极其重要的意义。

第一节　正弦量的基本概念

一、正弦量

正弦交流电是指大小和方向都随时间按正弦规律周期变化的电流、电压、电动势的总称；正弦交流电路是指含有正弦交流电源而且电路中各部分所产生的电压和电流均按正弦规律变化的电路；正弦交流电压、正弦交流电流、正弦交流电动势统称为正弦量。

从数学观点来看，正弦量实际上是一个关于时间 t 的正弦函数，其一般函数表达式如下：

$$\begin{cases} i = I_m\sin(\omega t + \varphi_i) \\ u = U_m\sin(\omega t + \varphi_u) \\ e = E_m\sin(\omega t + \varphi_e) \end{cases} \qquad (3-1)$$

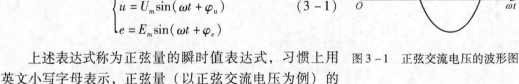

图 3-1　正弦交流电压的波形图

上述表达式称为正弦量的瞬时值表达式，习惯上用英文小写字母表示，正弦量（以正弦交流电压为例）的波形如图 3-1 所示。

二、正弦量的三要素

从式（3-1）可以看出，正弦量的特征表现在变化的快慢、取值的范围及初始值三个方面，而它们分别由频率（或周期）、幅值（或有效值）和初相位来确定。所以频率、幅值和初相位就称为正弦量的三要素。

下面以电流为例介绍正弦量的三要素。设正弦交流电流的瞬时值表达式：

$$i = I_m \sin(\omega t + \varphi_i)$$

（一）周期、频率和角频率

周期是指正弦量完成一次周期性变化所需的时间，用符号 T 来表示，单位是秒（s）。图 3-2 中从 O 点到 a 点是一个周期，从 b 点到 c 点也是一个周期。周期的长短反映了正弦量变化的快慢。

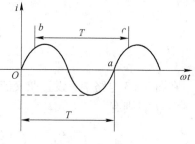

图 3-2　正弦交流电流的周期

频率是指正弦量在 1s 内完成周期性变化的次数。用符号 f 表示，单位是赫兹（Hz）。

由定义可知，频率和周期互为倒数，即

$$f = \frac{1}{T} \qquad (3-2)$$

我国和其他大多数国家都采用 50Hz 作为电力工业的标准频率，简称工频；少数国家采用 60Hz 作为电力工业的标准频率，如日本和美国。

角频率是指正弦量 1s 内变化的电角度，用 ω 表示，单位是弧度/秒（rad/s）。角频率与周期、频率的关系为

$$\omega = 2\pi f = \frac{2\pi}{T} \qquad (3-3)$$

正弦量的周期、频率、角频率反映的是正弦量变化的快慢。

例 3-1　已知正弦交流电的频率 $f = 50$Hz，试求周期 T 和角频率 ω。

解：由式（3-2）、式（3-3）可得

$$T = \frac{1}{f} = \frac{1}{50} = 0.02\text{s}$$

$$\omega = 2\pi f = 2\pi \times 50 = 314\text{rad/s}$$

（二）最大值和有效值

最大值是指交流电在一个周期的变化过程中出现的最大瞬时值，其表示方法为大写字母加小写下标 m，如 I_m、U_m 分别表示电流、电压的最大值。

正弦量的大小通常指的是正弦量的有效值，而不是最大值。如日常用电 220V，指的就是正弦电压的有效值；交流电压表和交流电流表的读数也是有效值。有效值用大写字母表示，如电流的有效值为 I、电压的有效值为 U。

有效值是基于热等效原理来定义的物理量。以交流电压 u 的有效值定义为例，在图 3-3(a)、(b) 所示电路中，交流电压 u 与直流电压 U 分别作用于相同的电阻 R，若在相同的时间内产生的热量相等，则将直流电压 U 称为交流电压 u 的有效值。

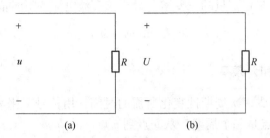

图 3 – 3　交流电的有效值

（a）交流电压作用下；（b）直流电压作用下

在图 3 – 3 电路中，设正弦交流电压 $u = U_m\sin\omega t$ 作用于电阻 R 在一个周期 T 内产生的热量为 Q_1，则有

$$Q_1 = \int_0^T \frac{u^2}{R}\mathrm{d}t = \int_0^T \frac{(U_m\sin\omega t)^2}{R}\mathrm{d}t = \frac{U_m^2}{R}\int_0^T \frac{1 - \sin2\omega t}{2}\mathrm{d}t = \frac{U_m^2}{2R}T$$

直流电压 U 作用于相同的电阻 R 在时间 T 内产生的热量为 Q_2，则有

$$Q_2 = \frac{U^2}{R}T$$

若 $Q_1 = Q_2$，则可得

$$U_m = \sqrt{2}U \quad \text{或} \quad U = \frac{U_m}{\sqrt{2}}$$

同理，对于正弦交流电流有

$$I_m = \sqrt{2}I \quad \text{或} \quad I = \frac{I_m}{\sqrt{2}}$$

引入有效值后，正弦电流也可表示为

$$i = \sqrt{2}I\sin(\omega t + \varphi_i)$$

例 3 – 2　已知某正弦交流电压的瞬时值表达式为 $u = 220\sqrt{2}\sin\omega t\mathrm{V}$，这个交流电压的最大值和有效值分别为多少？有一耐压为 300V 的电容，能否接在该电源上？

解： 最大值

$$U_m = 220\sqrt{2} = 311.1\mathrm{V}$$

有效值

$$U = \frac{U_m}{\sqrt{2}} = \frac{220\sqrt{2}}{\sqrt{2}} = 220\mathrm{V}$$

由于 $U_m > 300\mathrm{V}$，所以这个电容不能接在该电源上。

（三）相位和初相

已知正弦电流的瞬时值表达式为

$$i = I_m\sin(\omega t + \varphi_i)$$

式中，$\omega t + \varphi_i$ 称为该正弦量的相位角，简称相位。它反映了正弦量随时间变化的进程。当 $t = 0$ 时的相位称为初相位，即

$$\omega t + \varphi_i \Big|_{t=0} = \varphi_i$$

简称初相，初相的取值范围规定为（$-\pi$，π）。

正弦量的最大值（有效值）反映正弦量的大小，角频率（频率、周期）反映正弦量变化的快慢，初相角反映正弦量的初始位置。因此，当正弦量的最大值（有效值）、角频率（频率、周期）和初相角确定时，正弦量才能被确定。也就是说这三个量是正弦量必不可少的要素，所以我们称其为正弦交流电的三要素。

三、正弦量的相位差

线性电路中，如果全部激励都是同一频率的正弦量，则电路中的响应一定是同一频率的正弦量。因此在正弦交流电路中常常遇到同频率的正弦量，设任意两个同频率的正弦量

$$u = U_m \sin(\omega t + \varphi_u)$$
$$i = I_m \sin(\omega t + \varphi_i)$$

这两个正弦量频率相同而振幅、初相不同。初相的差异反映了二者随时间变化时的步调不一致。用相位差表示这种"步调"不一致的情况。

两个同频率正弦量之间的相位之差称为相位差，u 与 i 的相位差为

$$\varphi = (\omega t + \varphi_u) - (\omega t + \varphi_i) = \varphi_u - \varphi_i \qquad (3-4)$$

上式表明，两个同频率的正弦量之间的相位差等于其初相之差，与 ωt 无关，是个常数。

按式（3-4），两个同频率正弦量之间的相位差一般有以下几种情况：

（1）$\varphi = \varphi_u - \varphi_i > 0$，如图 3-4（a）所示，$u$ 达到最大值后，i 需经过一段时间才能达到最大值，即 u 先于 i 达到最大值。因此，称 u 超前 i 或 i 滞后于 u。

（2）$\varphi = \varphi_u - \varphi_i < 0$，如图 3-4（b）所示，$i$ 先于 u 达到最大值，称 u 滞后 i 或 i 超前于 u。

（3）$\varphi = \varphi_u - \varphi_i = 0$，如图 3-4（c）所示，$i$ 与 u 同时达到最大值，称 u 与 i 同相。

（4）$\varphi = \varphi_u - \varphi_i = \pi$，如图 3-4（d）所示，当 i 达到最大值时，u 达到最小值，称 u 与 i 反向。

需要指出的是：

（1）同频率正弦量的相位差等于其初相之差，与 ωt 无关，是个常数。

（2）在正弦交流电路中，常常需要分析计算相位差，而对正弦量的初相考虑不多。为了方便，往往使得电路中某一正弦量的初相为零，该正弦量称为参考正弦量。在一个电路中只允许选取一个参考正弦量，否则会造成计算上的混乱。

（3）只有同频率的正弦量才讨论其相位差。

例3-3 已知 $u = 220\sqrt{2}\sin(\omega t + 235°)$ V，$i = 10\sqrt{2}\sin(\omega t + 45°)$ A，求 u 和 i 的初相及两者间的相位关系。

解： 已知 $u = 220\sqrt{2}\sin(\omega t + 235°)$，V $= 220\sqrt{2}\sin(\omega t - 125°)$ V。所以电压 u 的初相为 $-125°$，电流 i 的初相为 $45°$。

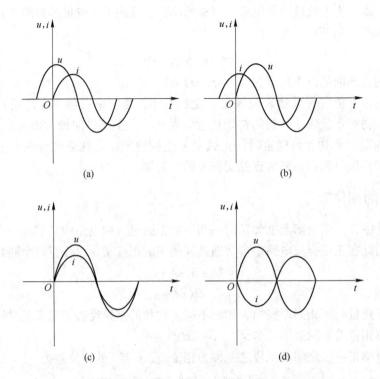

图 3 - 4　同频率正弦交流电的相位关系
（a）u 超前 i；（b）u 滞后 i；（c）u 与 i 同相；（d）u 与 i 反相

$$\varphi = -125° - 45° = -170° < 0$$

表明电压 u 滞后于电流 i 170°。

例 3 - 4　已知 $u_1 = 220\sqrt{2}\sin(\omega t + 120°)$ V，$u_2 = 220\sqrt{2}\sin(\omega t - 90°)$ V，试分析二者的相位关系。

解： u_1 的初相为 120°，u_2 的初相为 -90°，u_1 和 u_2 的相位差为

$$\varphi = 120° - (-90)° = 210°$$

考虑到正弦量的一个周期为 360°，故可以将 $\varphi = 210°$，表示为 $\varphi = -150° < 0$，表明 u_1 滞后于 u_2 150°。

第二节　正弦量的相量表示法

　　一个正弦量由幅值、角频率、初相三个要素来确定，要完整描述一个正弦量，只要把三个要素表示清楚就可以了，表示的形式可以有多种：可用三角函数表达式表示，如 $u = U_m\sin(\omega t + \varphi_u)$，也可以用波形图表示。但是，在对电路进行定量分析时，如果直接利用正弦量的三角函数表达式或波形图来分析计算，将是非常繁琐和困难的，为此引入了相量表示法。即用复数表示正弦量，把正弦量的各种运算转化为复数运算，从而大大简化正弦交流电的分析和计算过程。

复数和复数运算是相量法的数学基础，先对复数进行必要的复习。

一、复数的基本知识

（一）复数

在数学中常用 $A = a + bi$ 表示复数。其中 a 为实部，b 为虚部，$i = \sqrt{-1}$ 叫虚数单位，因为在电工中 i 代表电流，所以改用 j 代表虚数单位，即

$$A = a + jb \qquad\qquad (3-5)$$

式（3-5）称为复数 A 的代数形式（或直角坐标形式）。

一个复数除了用式（3-5）表示外，还可用由实轴和虚轴构成的复平面上的一个矢量表示。每一个复数，在复平面上都有一个点 A (a, b) 和它对应，如图 3-5 所示。从复平面的原点 O 到对应的点 A 做一个矢量，该矢量也与复数 A 对应：矢量的长度 $|A|$ 称为复数 A 的模，它与实轴正向的夹角 φ 称为复数 A 的辐角。这样，在工程中，复数 A 还常简写为：

$$A = |A| \angle \varphi$$

这是复数 A 的又一表示形式，称为极坐标形式。

由图 3-5 可知，复数 A 的实部 a，虚部 b 和模 $|A|$、辐角 φ 的关系为

$$a = |A|\cos\varphi$$
$$b = |A|\sin\varphi$$
$$|A| = \sqrt{a^2 + b^2}$$
$$\varphi = \arctan\frac{b}{a}$$

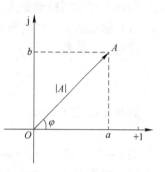

图 3-5 复平面的复数

今后计算交流电路时，常常需要运用上式进行复数的代数式和极坐标式之间的相互转化，要熟练掌握二者的相互转化。

例 3-5 写出下列复数的代数形式

（1）$5\angle 48°$；（2）$1\angle 90°$；（3）$5.5\angle -90°$；（4）$22\angle 180°$。

解：

（1）$5\angle 48° = 5\cos 48° + j5\sin 48° = 3.35 + j3.72$

（2）$1\angle 90° = \cos 90° + j\sin 90° = j$

（3）$5.5\angle -90° = 5.5\cos(-90°) + j5.5\sin(-90°) = -j5.5$

（4）$22\angle 180° = 22\cos 180° + j22\sin 180° = -22$

例 3-6 写出下列复数的极坐标形式

（1）$3 + j4$；（2）$j5$；（3）$-4 + j3$；（4）10。

解：

（1）$|A| = \sqrt{a^2 + b^2} = \sqrt{(4)^2 + 3^2} = 5$

$\varphi = \arctan\frac{4}{3} = 53.1°$

所以：$3 + j4 = 5\angle 53.1°$

（2）$|A| = 5$

$\quad\quad \varphi = 90°$

所以：$j5 = 5 \angle 90°$

（3）$|A| = \sqrt{a^2 + b^2} = \sqrt{(-4)^2 + 3^2} = 5$

$\quad\quad \varphi = \arctan\left(-\dfrac{3}{4}\right) = 143.1°$

所以：$-4 + j3 = 5 \angle 143.1°$

（4）$|A| = 10$

$\quad\quad \varphi = \arctan\dfrac{0}{10} = 0°$

所以：$10 = 10 \angle 0°$

（二）复数的运算

一般来说，复数的加减运算用代数式进行，其实部与实部相加减，虚部与虚部相加减；乘除运算常用极坐标式，两复数的模相乘除，辐角相加减。

（1）加减运算：将复数化成代数形式，然后实部与实部相加减，虚部与虚部相加减。设有两个复数：

$$A_1 = a_1 + jb_1 = |A_1| \angle \varphi_1$$
$$A_2 = a_2 + jb_2 = |A_2| \angle \varphi_2 \quad\quad\quad (3-6)$$

则两复数之和差为：

$$A_1 \pm A_2 = (a_1 \pm a_2) + j(b_1 \pm b_2)$$

例 3 - 7　已知 $A = 3 + j4$，$B = 10 \angle 37°$，求 $C = A + B$。

解：需将 B 也化成代数形式

$$B = 10 \angle 37° = 10\cos37° + j10\sin37° = 8 + j6$$

则　　　$C = A + B = (3 + j4) + (8 + j6) = (3 + 8) + j(4 + 6) = 11 + j10$

例 3 - 8　已知 $A = 5 \angle 37°$，$B = 10 \angle -120°$，求 $C = A - B$ 和 $D = B - A$。

解：A 和 B 都应化成代数形式

$$A = 5 \angle 37° = 4 + j3$$
$$B = 10 \angle -120° = -5 - j8.66$$

则　　$C = A - B = [4 - (-5)] + j[3 - (-8.66)]$

$$= 9 + j11.66$$

$$D = B - A = (-5 - 4) + j(-8.66 - 3)$$

$$= -9 - j11.66$$

复数的加减运算也可用几何作图法——平行四边形法和三角形法，如图 3 - 6 所示。

（2）乘除运算：通常将复数化为极坐标形式，然后"模相乘除、角相加减"。

对于式（3 - 6）中的两个复数 A_1 和 A_2 有：

$$A_1 \cdot A_2 = |A_1| |A_2| \angle (\varphi_1 + \varphi_2)$$

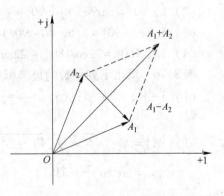

图 3 - 6　复数加减法图示

$$\frac{A_1}{A_2} = \frac{|A_1|}{|A_2|} \angle (\varphi_1 - \varphi_2)$$

例 3 – 9　已知 $A = 5\angle 30°$，$B = 3 + j4$，求 $C = AB$。

解：需将 B 化成极坐标形式

$$B = 3 + j4 = 5\angle 53°$$

$$C = AB = 5\angle 30° \times 5\angle 53° = (5 \times 5)\angle(30° + 53°) = 25\angle 83°$$

例 3 – 10　已知 $A = 38\angle 52°$，$B = 22\angle -130°$，求 $C = \dfrac{A}{B}$。

解：$C = \dfrac{A}{B} = \dfrac{38\angle 52°}{22\angle -130°} = 1.73\angle 182°$

若将复数 $A = |A|\angle\varphi$ 乘以另一个复数 $B = 1\angle\theta$，则得

$$A \cdot B = |A|\angle\varphi \cdot 1\angle\theta = |A|\angle(\varphi + \theta)$$

即复数 $A \cdot B$ 的大小仍为 $|A|$，但幅角变为 $\varphi + \theta$，可见一个复数乘上模为 1、幅角为 θ 的复数，就相当于将原复数所对应的矢量逆时针旋转了 θ 角。

同理，若将复数 $A = |A|\angle\varphi$ 除以另一个复数 $B = 1\angle\theta$，则得

$$\frac{A}{B} = \frac{|A|\angle\varphi}{|B|\angle\theta} = |A|\angle(\varphi - \theta)$$

即使原矢量顺时针旋转了 θ 角。

当 $\theta = \pm 90°$ 时，则

$$B = \cos(\pm 90°) + j\sin(\pm 90°) = \pm j$$

因此任意一个复数乘上 $+j$ 后，即逆时针（向前）旋转了 $90°$；乘上 $-j$ 后，即顺时针（向后）旋转了 $90°$，因此将 j 称为旋转因子。

二、正弦量的相量表示

一个正弦量有三要素，最大值（或有效值）、角频率（或频率）和初相。而在线性交流电路中的电压、电流都是与电源同频率的正弦量，所以只要知道有效值和初相两个要素，就能描述一个正弦量。一个复数刚好也有两个要素构成，即"模"和"幅角"。因此可以用一个复数来表示正弦量，用来表示正弦量的复数叫做相量。

正弦量的相量表示方法为：

（1）用复数的模表示正弦量的有效值。

（2）用复数的辐角表示正弦量的初相。

相量符号用大写字母上面加"·"的方式表示，如 $i = \sqrt{2}I\sin(\omega t + \varphi_i)$ 所对应的相量为

$$\dot{I} = I\angle\varphi_i$$

采用相量表示正弦量，其目的是为了简化运算，将正弦交流电路分析时的三角函数运算转变为较为简洁的复数运算。但是，由于相量表示法中并不能反映正弦量的频率，因此只有同频率的正弦量之间才能进行相量的运算。

值得注意的是，相量可以表示正弦量，它和正弦量有一一对应的关系，但相量不等于正弦量，即 $i = \sqrt{2}I\sin(\omega t + \varphi_i) \neq \dot{I} = I\angle\varphi_i$。

例 3 - 11　已知正弦交流电 $i_1 = 20\sin\left(\omega t + \dfrac{1}{4}\pi\right)$ A，$i_2 = 10\sqrt{2}\sin\left(\omega t - \dfrac{1}{6}\pi\right)$ A，求 $i = i_1 + i_2$。

思路：同频率正弦量的相加（或相减）所得的和（或差）仍是一个频率相同的正弦量。当用相量表示正弦量时，同频率正弦量的相加（或相减）运算转换成对应的相量相加（或相减）的运算。

解：由题意可知正弦量的相量形式为：

$$\dot{I}_1 = \frac{20}{\sqrt{2}} \angle \frac{1}{4}\pi = 10 + \text{j}10\text{A}$$

$$\dot{I}_2 = 10 \angle -\frac{1}{6}\pi = 5\sqrt{3} - \text{j}5\text{A}$$

所以

$$\dot{I} = \dot{I}_1 + \dot{I}_2 = 10 + \text{j}10\text{A} + 5\sqrt{3} - \text{j}5\text{A}$$

$$= (10 + 5\sqrt{3}) + \text{j}5 = 19.3 \angle 15°\text{A}$$

写出对应的正弦量为

$$i = i_1 + i_2 = 19.3\sqrt{2}\sin(\omega t + 15°)\text{A}$$

通过上面的例子，可以得到下面的几个结论：

（1）只有对同频率的正弦量，才能应用对应的相量来进行代数运算。

（2）在应用相量分析法时，先将正弦量变换为对应的相量，通过复数的代数运算求得所求正弦量对应的相量，再由该相量写出对应的正弦量的瞬时值表达式。

（3）同样，多个同频率的正弦量的运算，也可转换成对应相量的代数运算。基尔霍夫定律的相量表达式为

$$\sum i = 0 \longrightarrow \sum \dot{I} = 0$$

$$\sum u = 0 \longrightarrow \sum \dot{U} = 0$$

即正弦量的瞬时值表达式和相量形式都满足基尔霍夫定律。

三、正弦量的相量图

正弦量的相量是复数表示的，所以相量和复数一样，可以在复平面上用矢量表示。画在复平面上表示相量的图形称为相量图。显然，只有同频率的多个正弦量对应的相量画在同一复平面上才有意义。

相量图在正弦交流电路的分析中很有用处，相量图法是正弦交流电路的分析方法之一。前面介绍过参考正弦量的初相为零，它所对应的相量称为参考相量，其辐角为零，在相量图中，方向与实轴的方向一致。

例 3 - 12　已知同频率的正弦量的解析式分别为

$$i = 10\sin(\omega t + 30°)$$

$$u = 220\sqrt{2}\sin(\omega t - 45°)$$

写出电流和电压的相量 $\dot{I}$、$\dot{U}$，并绘出相量图。

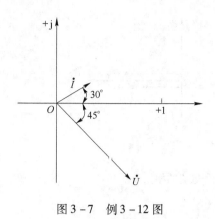

图 3-7 例 3-12 图

解： 由解析式可得

$$\dot{I}=\frac{10}{\sqrt{2}}\angle 30°=5\sqrt{2}\angle 30°\text{A}$$

$$\dot{U}=\frac{220\sqrt{2}}{\sqrt{2}}\angle-45°\text{V}=220\angle-45°\text{V}$$

相量图如图 3-7 所示。

例 3-13 已知 $u_1=30\sqrt{2}\sin(\omega t+30°)\text{V}$，$u_2=40\sqrt{2}\sin(\omega t-60°)\text{V}$，试画出 u_1、u_2 的相量图，并求 $u=u_1+u_2$。

解： 由题意可得

$$\dot{U}_1=30\angle 30°\text{V}$$

$$\dot{U}_2=40\angle-60°\text{V}$$

相量图如图 3-8 所示，从相量图可以看出，根据平行四边形法来求和比较方便，因为 $\dot{U}=\dot{U}_1+\dot{U}_2$，所以由图可知

$$U=\sqrt{U_1^2+U_2^2}=\sqrt{30^2+40^2}=50\text{V}$$

$$\varphi=60°-\arctan\frac{U_1}{U_2}=60°-\arctan\frac{30}{40}$$

$$=60°-37°=23°$$

所以

$$u=50\sqrt{2}\sin(\omega t-23°)\text{V}$$

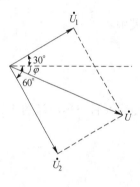

图 3-8 例 3-13 图

第三节 单一参数电路元件的交流电路

最简单的交流电路是由电阻、电感或电容单个电路元件组成的，故称这种电路为单一参数电路元件的交流电路。在分析各种交流电路时，必须首先掌握单一参数电路元件电压与电流的关系，它们之间的相量运算和相量图，以及对其功率和能量的分析。其他各种类型的交流电路可以认为是由这些单一参数电路元件的不同组合而成的。

一、纯电阻正弦交流电路

（一）电路结构

只含有电阻元件的交流电路称为纯电阻正弦交流电路，如图 3-9（a）所示。

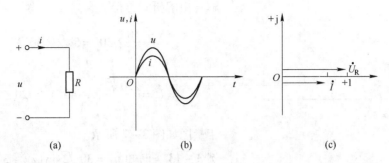

图 3-9 纯电阻正弦交流电路及其电压和电流的相位关系

(二) 电阻元件上正弦电流和电压的关系

在如图 3-9(a) 所示纯电阻正弦交流电路中，将电阻元件通入正弦交流电流 $i = \sqrt{2}I\sin(\omega t + \varphi_i)$，根据欧姆定律有

$$u = iR = \sqrt{2}IR\sin(\omega t + \varphi_i) = \sqrt{2}U\sin(\omega t + \varphi_u) \tag{3-7}$$

其中

$$U = IR$$

$$\varphi_i = \varphi_u$$

电阻元件电压电流的相量关系为：

$$\dot{U} = U\angle\varphi_u, \quad \dot{I} = I\angle\varphi_i$$

$$\frac{\dot{U}}{\dot{I}} = \frac{U\angle\varphi_u}{I\angle\varphi_i} = \frac{U}{I}\angle\varphi_u - \varphi_i = R\angle0° = R$$

由此可见，在纯电阻正弦交流电路中：

（1）电压与电流是两个同频率的正弦量。

（2）电压电流大小（有效值）关系为 $U = IR$。

（3）电压电流同相位，即 $\varphi_i = \varphi_u$。

其波形图和相量图如图 3-9(b)、(c) 所示。

(三) 纯电阻电路的功率

（1）瞬时功率（p）。在任一瞬时，电压与电流的瞬时值的乘积称为瞬时功率，用小写字母 p 来表示。为简化分析，设电阻上的电流初相位为零，瞬时值表达式为 $i = \sqrt{2}I\sin\omega t$，则电压的表达式为 $u = \sqrt{2}U\sin\omega t$。则电阻元件的瞬时功率为

$$p = u \cdot i = \sqrt{2}U\sin\omega t \cdot \sqrt{2}I\sin\omega t = 2UI\sin^2\omega t = UI(1 - \cos2\omega t) \tag{3-8}$$

瞬时功率是随时间以两倍于电流（或电压）频率而变化的，瞬时功率的波形图如图

3 – 10 所示。该曲线在（0 – π）区间电流、电压都为正值，乘积为正值；在（π – 2π）区间电流、电压都是负值，乘积仍然为正值。瞬时功率为正，说明电阻元件总是吸收功率，是耗能元件。

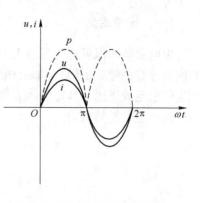

（2）有功功率（P）。瞬时功率在一个周期内的平均值称为平均功率（或有功功率），用大写字母 P 来表示。由式（3 – 8）可以看出，电阻元件的瞬时功率由两部分组成，一部分 UI 是不变的，其平均值就是 UI，另一部分（ $– UI\cos2\omega t$ ）是变化的，而其平均值是零，所以电阻元件的平均功率为：

图 3 – 10　电阻元件的瞬时
功率的波形图

$$P = UI = I^2R = \frac{U^2}{R}$$

有功功率的单位 P 和直流功率一样也是瓦（W）。

例 3 – 14　电流和电压的参考方向如图 3 – 9(a) 所示，已知：$R = 10\Omega$，$i = 5\sin(\omega t + 30°)$ A。求：

（1）电阻 R 两端电压 U_R 及 u_R。

（2）电阻消耗的功率。

解：

（1）用相量法求解，由题得：

$$\dot{I} = \frac{5}{\sqrt{2}} \angle 30°\ \text{A}$$

可求得：

$$\dot{U} = \dot{I}R = \frac{50}{\sqrt{2}} \angle 30°\ \text{V}$$

因此

$$U_R = \frac{50}{\sqrt{2}}\text{V} = 25\sqrt{2}\ \text{V}$$

$$u_R = 50\sin(\omega t + 30°)\ \text{V}$$

（2）电阻消耗的功率

$$P = U_R I = 25\sqrt{2}\frac{5}{\sqrt{2}} = 125\ \text{W}$$

二、纯电感电路

许多电机的主要部件就是一个电感线圈，收音机的接收电路、电视机的高频头也都包含许多电感线圈。电感元件通常用来作为实际线圈的模型，如图 3 – 11 所示。

（一）电感定义

由电磁学知识可知：当图 3 – 11（a）中的线圈通入电流时，会产生磁通 Φ（i 与 Φ 的方向符合右手螺旋定则）。如果线圈为 N 匝，则总磁通 $N\Phi$ 称为磁链，用 Ψ 表示。Ψ 与其产生的电流成正比，其比值用 L 表示，称为电感，它反映了一个线圈在通入一定的电流 i 后所能产生磁链的能力。

$$L = \frac{\Psi}{i} \tag{3-9}$$

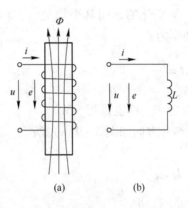

图 3 – 11　电感元件及符号

如果电感为常数，称为线性电感，符号如图 3 – 11（b）所示。

在国际单位制中，磁链的单位是韦伯（Wb），电流的单位是安培（A），则电感的单位是亨利（H）。在实际应用中，常用的单位还有毫亨（mH）、微亨（μH），即

$$1H = 10^3 mH = 10^6 \mu H$$

（二）电感元件的瞬时值伏安特性

如果通过电感的电流是变化的，则在电感中产生的磁通也是变化的，根据电磁感应定律可知，会在电感中产生感应电动势，产生的感应电动势可用下式表示：

$$e = -\frac{\mathrm{d}\Psi}{\mathrm{d}t} = -L\frac{\mathrm{d}i}{\mathrm{d}t}$$

则在图 3 – 11（b）所示的参考方向下，可以得到

$$u = -e = \frac{\mathrm{d}\Psi}{\mathrm{d}t} = L\frac{\mathrm{d}i}{\mathrm{d}t} \tag{3-10}$$

从式（3 – 10）中可以看出，电感两端的电压与通过它的电流的变化率成正比，在稳态直流电路中，由于电流是恒量，所以 $\frac{\mathrm{d}i}{\mathrm{d}t} = 0$，电感相当于短路，即电感有通直的作用。

电流变化越快，电压越高；当电流不变（直流电流）时，电压为零，相当于短路。

（三）电路结构

只含有电感元件的交流电路，称为纯电感正弦交流电路，如图 3 – 12（a）所示。

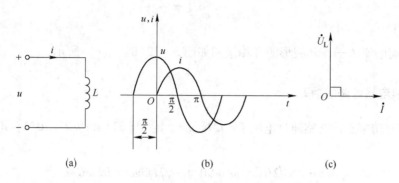

图 3 – 12　纯电感电路及其电压和电流的相位关系

（四）电感元件上正弦电流和电压的关系

如图 3 – 12(a) 所示，如果电感元件 L 中流过的电流为：

$$i = \sqrt{2}I\sin(\omega t + \varphi_i)$$

则

$$u = L\frac{di}{dt} = L\frac{d[\sqrt{2}I\sin(\omega t + \varphi_i)]}{dt}$$

$$= \sqrt{2}\omega LI\sin\left(\omega t + \varphi_i + \frac{\pi}{2}\right) = \sqrt{2}U\sin(\omega t + \varphi_u) \qquad (3-11)$$

其中

$$U = \omega LI$$

$$\varphi_u = \varphi_i + \frac{\pi}{2}$$

电感元件电压电流的相量关系为：

$$\frac{\dot{U}}{\dot{I}} = \frac{U\angle\varphi_u}{I\angle\varphi_i} = \frac{U}{I}\angle\varphi_u - \varphi_i = \omega L\angle 90° = j\omega L = jX_L$$

$$\dot{U} = j\omega L\dot{I} = jX_L\dot{I}$$

式中，$X_L = \omega L = 2\pi fL$，称为感抗，它反映了电感线圈对交流电流阻碍作用的大小，单位为欧姆（Ω）。由式 $2\pi fL = X_L$ 可知，感抗的大小与线圈本身的电感量 L 和通过线圈电流的频率有关。f 越高，X_L 越大，意味着线圈对电流的阻碍作用越大；f 越低，X_L 越小，即线圈对电流的阻碍作用也越小。当 $f=0$ 时 $X_L=0$，表明线圈对直流电流相当于短路。所以，电感元件具有"通直流、阻交流"，"通低频、阻高频"的特性。

由此可见，在纯电感正弦交流电路中：

（1）电压与电流是两个同频率的正弦量。

（2）电压电流大小（有效值）关系为

$$U = \omega LI = X_LI$$

（3）电压电流相位关系为

$$\varphi_u = \varphi_i + \frac{\pi}{2}$$

即电压 $\dot{U}$ 超前电流 $\dot{i}$ $\frac{\pi}{2}$，其波形图和相量图如图 3－12(b)、(c) 所示。

（五）纯电感电路的功率

（1）瞬时功率。设电感通过电流 $i = \sqrt{2}I\sin\omega t$，则 $u = \sqrt{2}U\sin(\omega t + 90°)$，电感元件的瞬时功率为

$$p = u \cdot i = \sqrt{2}U\sin(\omega t + 90°) \cdot \sqrt{2}I\sin\omega t = UI\sin2\omega t$$

瞬时功率的波形如图 3－13 所示，它是以两倍电流（或电压）的频率，按照正弦规律变化的。从波形图上可以看出在 p 的前半周期 $\left(0 \sim \frac{\pi}{2}\right)$ 为正值，表示电感元件从外电路吸收能量，转化为磁场能储存起来；在 p 的后半周期 $\left(\frac{\pi}{2} \sim \pi\right)$ 为负值，表示电感元件向外电路释放能量；而且释放的能量和储存的能量是相等的。

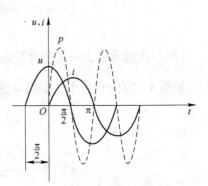

图 3－13　电感元件的
瞬时功率的波形图

（2）有功功率。

$$P = \frac{1}{T}\int_0^T p\mathrm{d}t = \frac{1}{T}\int_0^T UI\sin2\omega t\mathrm{d}t = 0$$

这说明在一个周期内，电感元件并没有消耗有功功率，因为它是一个储能元件，不消耗能量，只是与电路进行能量的交换。不同的电感元件与外界交换能量的大小是不一样的，而任何电感元件的平均功率都是零，所以平均功率不能反映电感元件的能量情况，而需要引入别的物理量。

（3）无功功率。纯电感 L 虽不消耗有功功率，但是它与电源之间有能量交换。电感元件上电压有效值与电流有效值的乘积定义为"无功功率"，用 Q_L 表示：

$$Q_L = UI = I^2 X_L = \frac{U^2}{X_L}$$

Q_L 是 U、I 之积，单位也应是瓦（W），但为了与有功功率区别，把无功功率的单位改用"乏"（var）或"千乏"（kvar）。

无功功率并不是"无用"的功率，它的含义表示电源与感性负载之间能量的交换。许多设备在工作中都和电源存在着能量的交换。如异步电动机、变压器等，磁场的变化会引起磁场能量的变化，这就说明设备和电源之间存在能量的交换。因此发电机除了发出有功功率以外，还要发出适量的无功功率以满足这些设备的需要。

例 3－15　把一个电感量为 0.35H 的线圈，接到 $u = 220\sqrt{2}\sin(100\pi t + 60°)$ V 的电源上，求线圈中电流瞬时值表达式。

解：由线圈两端电压的瞬时值表达式 $u = 220\sqrt{2}\sin(100\pi t + 60°)$ V 可以得到 $U = 220$V，$\omega = 100\pi$ rad/s，$\varphi = 60°$。

电压 u 所对应的相量为

$$\dot{U} = 220 \angle 60° \ \text{V}$$

线圈的感抗为

$$X_{\mathrm{L}} = \omega L = 100 \times 3.14 \times 0.35\Omega \approx 110\Omega$$

因此可得

$$\dot{I} = \frac{\dot{U}}{\mathrm{j}X_{\mathrm{L}}} = \frac{220 \angle 60°}{110 \angle 90°}\mathrm{A} = 2 \angle (\ 30°)\ \mathbf{A}$$

通过线圈的电流瞬时值表达式为

$$i = 2\sqrt{2}\sin\left(100\pi t - \frac{\pi}{6}\right)\ \text{A}$$

三、纯电容电路

（一）电容定义

电容是用来表征电路中储存电场能量的理想元件，如图 3 – 14 所示。它是由两片中间充满电介质（如空气、云母、绝缘纸、塑料薄膜、陶瓷等）的金属极板构成的。在电路中多用来滤波、隔直、交流耦合、交流旁路及与电感元件组成振荡回路等。当在它两端加上电压后，在它的两个极板上就会聚集起等量异号的电荷。电压 u 越高，聚集的电荷 q 越多，产生的电场越强，储存的能量也越多。q 与 u 的比值称为电容，用 C 表示：

$$C = \frac{q}{u}$$

电容的单位是法拉，简称法（F），由于法拉的单位太大，实际应用中常用 μF 和 pF 来表示，它们的关系是：

$$1\mathrm{F} = 10^{6}\,\mu\mathrm{F} = 10^{12}\,\mathrm{pF}$$

（二）电容元件瞬时值伏安特性

在图 3 – 14 中，取电容的电压 u 与电流 i 的参考方向一致，根据电流的定义 $i = \dfrac{\mathrm{d}q}{\mathrm{d}t}$，可得

$$i = C\frac{\mathrm{d}u}{\mathrm{d}t}$$

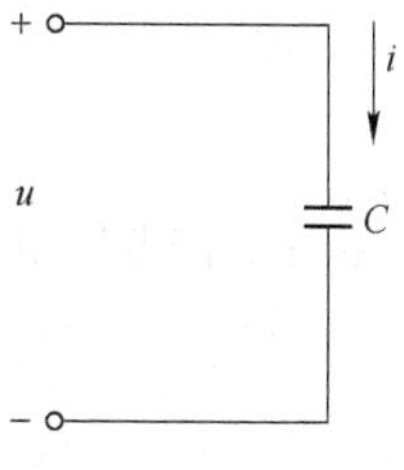

图 3 – 14　电容元件

它表明电容元件中的电流与它两端电压的变化率成正比。在稳态直流电路中，由于电容端电压 u 是恒量，所以 $\dfrac{\mathrm{d}u}{\mathrm{d}t} = 0$，即 $i = 0$，电容相当于开路，即电容有隔直作用。

（三）电路结构

只含有电容元件的交流电路，称为纯电容电路，如图 3 – 15（a）所示。

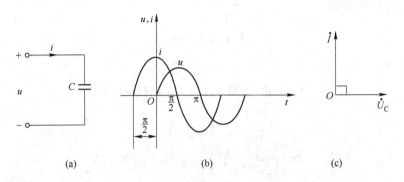

图 3 – 15　纯电容电路及其电压和电流的相位关系

（四）　电容元件上正弦电流和电压的关系

如图 3 – 15(a) 所示，设电容元件两端的电压为

$$u = \sqrt{2}U\sin(\omega t + \varphi_u)$$

则

$$
\begin{aligned}
i &= C\frac{\mathrm{d}u}{\mathrm{d}t} \\
&= C\frac{\mathrm{d}(\sqrt{2}U\sin(\omega t + \varphi_u))}{\mathrm{d}t} \\
&= \sqrt{2}\omega CU\cos(\omega t + \varphi_u) \\
&= \sqrt{2}\omega CU\sin\left(\omega t + \varphi_u + \frac{\pi}{2}\right) \\
&= \sqrt{2}I\sin(\omega t + \varphi_i)
\end{aligned}
\tag{3 – 12}
$$

其中

$$I = \omega CU \quad 或 \quad U = \frac{1}{\omega C}I$$

$$\varphi_i = \varphi_u + \frac{\pi}{2}$$

电容元件电压电流的相量关系为：

$$\frac{\dot{U}}{\dot{I}} = \frac{U\angle\varphi_u}{I\angle\varphi_i} = \frac{U}{I}\angle\varphi_u - \varphi_i = \frac{1}{\omega C}\angle -90° = -\mathrm{j}\frac{1}{\omega C} = -\mathrm{j}X_C$$

$$\dot{U} = -\mathrm{j}\frac{1}{\omega C}\dot{I} = -\mathrm{j}X_C\dot{I}$$

式中，$X_C = \dfrac{1}{\omega C} = \dfrac{1}{2\pi fC}$ 叫做容抗，它反映了电容元件对交流电流形成的阻碍作用，单位为欧姆（Ω）。通过 $X_C = \dfrac{1}{2\pi fC}$ 可知，容抗与频率 f 成反比关系，频率越大，容抗越小，在直流情况下，其频率为零，容抗为无穷大，相当于开路。因此，电容元件具有"隔直流、通交流"，"通高频、阻低频"的特性。

由此可见，在纯电容正弦交流电路中：

（1）电压与电流是两个同频率的正弦量。

（2）电压电流大小（有效值）关系为

$$U = \frac{1}{\omega C}I = X_C I$$

（3）电压电流相位关系为

$$\varphi_i = \varphi_u + \frac{\pi}{2}$$

即电流 i 超前电压 $\dot{U}$ $\frac{\pi}{2}$，其波形图和相量图如图 3-15（b）、（c）所示。

感抗和容抗统称为电抗。相应的电感元件和电容元件统称为电抗元件。

（五）纯电容电路的功率

1. 瞬时功率

设电容两端电压 $u = \sqrt{2}U\sin\omega t$，则 $i = \sqrt{2}I\sin(\omega t + 90°)$，则，电容元件的瞬时功率为

$$p = u \cdot i = \sqrt{2}U\sin\omega t \cdot \sqrt{2}I\sin(\omega t + 90°) = UI\sin 2\omega t$$

瞬时功率的波形如图 3-16 所示，它是以两倍电流（或电压）的频率，按照正弦规律变化的。从波形图上可以看出在 p 的前半周期 $\left(0 \sim \frac{\pi}{2}\right)$ 为正值，表示电容元件从外电路吸收能量，转化为电场能量储存起来；在 p 的后半周期 $\left(\frac{\pi}{2} \sim \pi\right)$ 为负值，表示电容元件向外部释放能量；而且释放的能量和储存的能量是相等的。

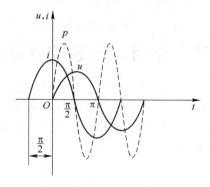

图 3-16　电容元件的瞬时功率的波形图

2. 有功功率

$$P = \frac{1}{T}\int_0^T p\mathrm{d}t = \frac{1}{T}\int_0^T UI\sin 2\omega t\,\mathrm{d}t = 0$$

这说明在一个周期内，电容元件的平均功率也是零，它和电感元件一样，也是一个储能元件，不消耗能量，只是与电路进行能量的交换。

3. 无功功率

和电感元件一样，将电容元件上电压有效值与电流有效值的乘积定义为容性"无功功率"，用 Q_C 表示：

$$Q_C = UI = I^2 X_C = \frac{U^2}{X_C}$$

Q_C 和 Q_L 是一样，单位也用乏（var）表示。

例 3 – 16　把电容量为 $40\mu F$ 的电容器接到交流电源上，若已知通过电容器的电流为 $i = 2.75 \times \sqrt{2}\sin(314t + 30°)$ A，试求电容器两端的电压瞬时值表达式。

解： 由通过电容器的电流瞬时值表达式 $i = 2.75 \times \sqrt{2}\sin(314t + 30°)$ A，可以得到 $I = 2.75A$，$\omega = 314rad/s$，$\varphi = 30°$。

电流所对应的相量为

$$\dot{I} = 2.75 \angle 30° \text{ A}$$

电容器的容抗为

$$X_C = \frac{1}{\omega C} = \frac{1}{314 \times 40 \times 10^{-6}} \approx 80\Omega$$

因此

$$\dot{U} = -jX_C \dot{I} = 1 \angle (-90°) \times 80 \times 2.75 \angle 30° = 220 \angle (-60°) \text{ V}$$

电容器两端电压瞬时表达式为

$$u = 220\sqrt{2}\sin(314t - 60°) \text{ V}$$

第四节　电阻、电感的串联电路

上节分别讲述了 R、L、C 三个元件单独存在时接通正弦交流电的情况。在实用电路中，经常遇到的是电阻（R）和电感（L）相串联的情况。例如，日光灯电路的镇流器和灯管就可近似等效为 R、L 串联组合。

一、电压和电流关系

电阻、电感串联电路如图 3 – 17（a）所示。设电流为参考相量，即

$$\dot{I} = I \angle 0°$$

则有

$$\dot{U}_R = \dot{I} R$$

$$\dot{U}_L = \dot{I} \cdot jX_L$$

根据 KVL 得总电压的瞬时值为

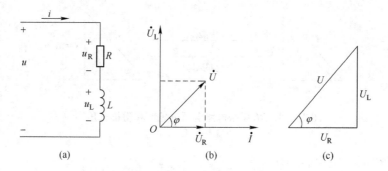

图 3 – 17　RL 串联电路的分析

$$u = u_R + u_L$$

由于 u_R、u_L 是同频率的正弦量，故可以用相量表示，即

$$\dot{U} = \dot{U}_R + \dot{U}_L = \dot{I}R + \dot{I} \cdot jX_L = \dot{I}Z \tag{3 – 13}$$

式中，$Z = R + jX_L$，是一个复数，它的实部是电路中的电阻，虚部为电路中的电抗（这里是感抗）。我们将 Z 称为复阻抗，简称阻抗。

将上述电流相量及电压相量画在相量图上如图 3 – 17(b) 所示。

二、阻抗

对于任意的二端电路，阻抗定义为电压的相量除以电流的相量，即

$$Z = \frac{\dot{U}}{\dot{I}} = \frac{U \angle \varphi_u}{I \angle \varphi_i} = \frac{U}{I} \angle (\varphi_u - \varphi_i) = |Z| \angle \varphi$$

从上式可以看出，Z 是一个复数，但它不是时间的函数，也不是正弦量。

可以得出阻抗与电压和电流之间的关系为：

（1）阻抗的模等于电压有效值除以电流的有效值

$$|Z| = \frac{U}{I} \tag{3 – 14}$$

（2）阻抗的辐角是电压和电流的相位差

$$\varphi = \varphi_u - \varphi_i \tag{3 – 15}$$

阻抗 Z 既反映了电流和电压的数值关系，也反映了电压和电流的相位关系。

对于 R、L 串联电路，根据图 3 – 17(c)，端电压 $U = \sqrt{U_R^2 + U_L^2}$，端电压和电流间的相位差 $\varphi = \arctan \dfrac{U_L}{U_R}$，该三角形关系称为电压三角形。若把电压三角形的三条边同时除以电流 I，则可以得到一个与其相似的三角形，如图 3 – 18 所示，称为阻抗三角形，$\varphi = \arctan \dfrac{X_L}{R}$ 称为阻抗角。

例 3 – 17　已知一 R、L 串联电路中，$R = 20\Omega$，$X_L = 15\Omega$，其中 $i = 2\sqrt{2}\sin(100\pi t + 30°)$ A，试求：

（1）复阻抗 Z。

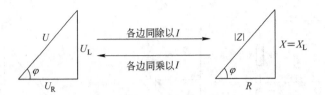

图 3 − 18　RL 串联电路电压三角形和阻抗三角形

（2）电路电压 $\dot{U}$、$\dot{U}_R$、$\dot{U}_L$。

解：

（1）$Z = R + jX_L = 20 + j15 = 25\angle36.9°\Omega$

（2）由题可得：$\dot{I} = 2\angle30°$ A

$$\dot{U} = Z\dot{I} = 25\angle36.9° \times 2\angle30° = 50\angle66.9°\text{ V}$$

$$\dot{U}_R = R\dot{I} = 20 \times 2\angle30° = 40\angle30°\text{ V}$$

$$\dot{U}_L = jX_L\dot{I} = j15 \times 2\angle30° = 15\angle90° \times 2\angle30° = 30\angle120°\text{ V}$$

第五节　电阻、电感、电容的串联电路

一、电压和电流关系

电阻、电感和电容串联电路如图 3 − 19（a）所示，电压电流取关联参考方向。

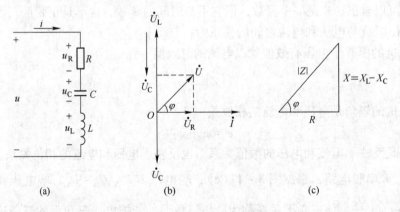

图 3 − 19　RLC 串联电路的分析

设电流为参考相量，即 $\dot{I} = I\angle0°$，则有

$$\dot{U}_R = \dot{I}R$$

$$\dot{U}_L = \dot{I} \cdot jX_L$$

$$\dot{U}_C = \dot{I} \cdot (-jX_C)$$

根据 KVL 得总电压的瞬时值为

$$u = u_R + u_L + u_C$$

由于 u_R、u_L、u_C 是同频率的正弦量，故可以用相量表示，即

$$\dot{U} = \dot{U}_R + \dot{U}_L + \dot{U}_C = \dot{I}R + \dot{I} \cdot jX_L + \dot{I} \cdot (-jX_C)$$

$$= \dot{I}\,[\,R + j(X_L - X_C)\,] = \dot{I}Z \qquad (3-16)$$

二、阻抗

式（3-16）中

$$Z = R + j(X_L - X_C) = R + jX = |Z| \angle \varphi \qquad (3-17)$$

Z 是 RLC 串联电路的阻抗，$X = X_L - X_C$ 为感抗和容抗的代数和，称为电抗。

由上式可知

阻抗模

$$|Z| = \sqrt{R^2 + X^2} = \sqrt{R^2 + (X_L - X_C)^2} \qquad (3-18)$$

阻抗角 $$\varphi = \arctan \frac{X}{R} = \arctan \frac{X_L - X_C}{R} \qquad (3-19)$$

由式（3-18）和式（3-19）可知，R、X 和 $|Z|$ 组成一个直角三角形，我们称它为阻抗三角形，如图 3-19(c) 所示。

阻抗角 φ 就是电压与电流间的相位差，其大小由电路参数决定。根据式（3-17）可知：

（1）$X > 0$（即 $X_L > X_C$）时，$\varphi > 0$，电路总电压（$\dot{U}$）超前电流（$\dot{I}$）φ 角，电路呈电感性。相量图如图 3-20(a) 所示。

（2）$X < 0$（即 $X_L < X_C$）时，$\varphi < 0$，电路总电压（$\dot{U}$）滞后电流（$\dot{I}$）φ 角，电路呈电容性。相量图如图 3-20(b) 所示。

（3）$X = 0$（即 $X_L = X_C$）时，$\varphi = 0$，电路总电压（$\dot{U}$）与电流（$\dot{I}$）同相，电路呈电阻性。相量图如图 3-20(c) 所示。

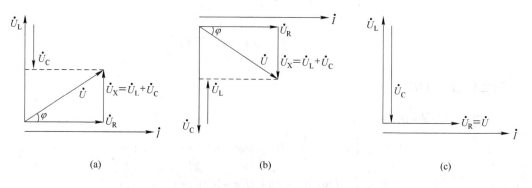

(a)　　　　　　　　　　(b)　　　　　　　　　　(c)

图 3-20　RLC 串联电路的相量图

三、*RLC* 串联电路的功率

（一）瞬时功率（p）

在 *RLC* 串联电路中，各元件的电流相同，我们假设

$$i = \sqrt{2}I\sin\omega t$$

$$u = \sqrt{2}U\sin(\omega t + \varphi)$$

瞬时功率 p 为

$$
\begin{aligned}
p &= u \cdot i = \sqrt{2}U\sin(\omega t + \varphi) \cdot \sqrt{2}I\sin\omega t \\
&= 2UI\sin(\omega t + \varphi) \cdot \sin\omega t \\
&= 2UI \times \frac{1}{2}\left[\cos(\omega t + \varphi - \omega t) - \cos(\omega t + \varphi + \omega t)\right] \\
&= UI\left[\cos\varphi - \cos(2\omega t + \varphi)\right]
\end{aligned}
$$

从上式可以看出，瞬时功率由两部分组成：一部分为恒定分量 $UI\cos\varphi$，是一个与时间无关的常量，不论 $\varphi > 0$，还是 $\varphi < 0$，该项永为正值；第二部分为交流分量 $UI\cos(2\omega t + \varphi)$，它的频率是电源频率的两倍。

图 3 – 21 为电压、电流和功率的波形图（此图设 $0 < \varphi < \frac{\pi}{2}$），$i$ 的初相角为零，u 超前 i 的角度为 φ。p 为曲线上每时刻 u 和 i 的乘积，由于 φ 的存在，使在一个周期内有两个时段 u 和 i 相反。该时段内瞬时功率为负值（$p < 0$），说明负载不从电源吸收电能，而是有能量送回电源，这是因为电路内不仅有耗能元件 R，还有储能元件 L 或 C 存在。

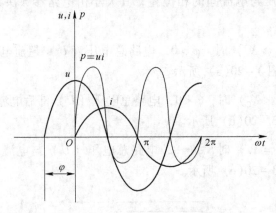

图 3 – 21　电压、电流和功率波形图

（二）有功功率（P）

有功功率即平均功率，为

$$
\begin{aligned}
P &= \frac{1}{T}\int_0^T p\,\mathrm{d}t = \frac{1}{T}\int_0^T UI\left[\cos\varphi - \cos(2\omega t + \varphi)\right]\mathrm{d}t \\
&= \frac{1}{T}\int_0^T UI\cos\varphi\,\mathrm{d}t - \frac{1}{T}\int_0^T UI\cos(2\omega t + \varphi)\,\mathrm{d}t
\end{aligned}
$$

得

$$P = UI\cos\varphi$$

可见，对一般正弦交流电路来讲，负载的有功功率等于负载电流、电压有效值和 $\cos\varphi$ 三者之积。式中 φ 角为乘积中 U 和 I 的相位差，也是负载阻抗的阻抗角。对确定的负载来讲，φ 角也是确定的，$\cos\varphi$ 是常数，称为负载的"功率因数"。

对于上式 $P = UI\cos\varphi$，从电压三角形可知 $U_R = U\cos\varphi$，则

$$P = U_R I = I^2 R$$

说明有功功率只消耗在电阻元件上。

（三）无功功率（Q）

前面曾经介绍过电感元件（L）和电容元件（C），在接入正弦交流电路后的功率为无功功率：$Q_L = U_L I$，$Q_C = U_C I$。

现在把 L、C 元件上无功功率的概念，推广到一般电路中。根据图 3 – 19（b）电压三角形，$Q = (U_L - U_C)I = UI\sin\varphi$。

电路的无功功率有正负之分。感性电路为 $Q > 0$；容性电路为 $Q < 0$。

（四）视在功率（S）

电源为负载供电时，不仅要提供电能给电阻消耗，还要和电路中动态元件进行能量的交换。因此，我们将电源的总电压与电流的乘积定义为视在功率，用大写字母 S 表示，即 $S = UI$，单位是伏安（VA）。

在 RLC 串联电路中，由电压三角形可知

$$P = U_R I = UI\cos\varphi$$

$$Q = (U_L - U_C)I = UI\sin\varphi$$

$$S = UI = \sqrt{P^2 + Q^2}$$

可以看出，有功功率、无功功率和视在功率三者之间也满足一个三角形关系，叫做功率三角形，如图 3 – 22 所示。

图 3 – 22　RLC 串联电路电压三角形和功率三角形

前面曾讲过电压三角形和阻抗三角形，这里又介绍了功率三角形。在同一电路中，这三个三角形是相似三角形，其含义如表 3 – 1 所示。

需要指出的是，电压三角形是相量图，各边为电压相量，应标以箭头。而功率三角形和阻抗三角形各边不是相量，所以不标箭头。

表 3 - 1　　阻抗三角形、电压三角形和功率三角形的相似性

三角形名称　　　　　　项目	阻抗三角形	电压三角形	功率三角形
三个边名称	$R, (X_L - X_C), \|Z\|$	$U_R, (U_L - U_C), U$	$P, (Q_L - Q_C), S$
三个边关系	$\|Z\| = \sqrt{R^2 + (X_L - X_C)^2}$	$U = \sqrt{U_R^2 + (U_L - U_C)^2}$	$S = \sqrt{P^2 + (Q_L - Q_C)^2}$
功率因数计算	$\cos\varphi = \dfrac{R}{\|Z\|}$	$\cos\varphi = \dfrac{U_R}{U}$	$\cos\varphi = \dfrac{P}{S}$

例 3 - 18　有一 RLC 串联的交流电路，已知 $R = X_L = X_C = 10\Omega$，$I = 1\text{A}$，试求其两端的电压 U。

解：因为是 RLC 串联交流电路，因此

$$Z = R + \text{j}(X_L - X_C) = 10\Omega$$

而

$$I = 1\text{A}$$

所以

$$U = |Z|I = 1 \times 10 = 10\text{V}$$

例 3 - 19　有一 RLC 串联电路，其中 $R = 30\Omega$，$L = 382\text{mH}$，$C = 39.8\mu\text{F}$，外加电压 $u = 220\sqrt{2}\sin(314t + 60°)$ V。试求：

（1）复阻抗 Z，并确定电路的性质。

（2）$\dot{I}$、$\dot{U}_R$、$\dot{U}_L$、$\dot{U}_C$。

（3）绘出相量图。

解：（1）

$$Z = R + \text{j}(X_L - X_C) = R + \text{j}\left(\omega L - \frac{1}{\omega C}\right)$$

$$= 30 + \text{j}\left(314 \times 0.382 - \frac{10^6}{314 \times 39.8}\right) = 30 + \text{j}(120 - 80)$$

$$= 30 + \text{j}40 = 50\angle 53.1°\Omega$$

$\varphi = 53.1°$，所以此电路为电感性电路。

（2）

$$\dot{I} = \frac{\dot{U}}{Z} = \frac{220\angle 60°}{50\angle 53.1°} = 4.4\angle 6.9°\text{A}$$

$$\dot{U}_R = \dot{I}R = 4.4\angle 6.9° \times 30 = 132\angle 6.9°\text{V}$$

$$\dot{U}_L = \text{j}X_L\dot{I} = 4.4\angle 6.9° \times 120\angle 90° = 528\angle 96.9°\text{V}$$

$$\dot{U}_C = -\text{j}X_C\dot{I} = 4.4\angle 6.9° \times 80\angle -90° = 352\angle -83.1°\text{V}$$

（3）相量图如图 3 - 23 所示。

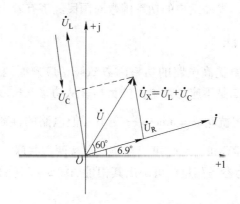

图 3 – 23 例 3 – 19 图

第六节 功率因数的提高

一、功率因数的概念

通过前面的分析，已知交流电路的有功功率的大小不仅取决于电压和电流的有效值，而且和电压、电流间的相位差 φ 有关。即 $P = UI\cos\varphi$，$\cos\varphi$ 为电路的功率因数，它与电路的参数有关，反映了负载对电源的利用程度。

纯电阻电路 $\cos\varphi = 1$，纯电感和纯电容的电路 $\cos\varphi = 0$。一般电路中，$0 < \cos\varphi < 1$。目前，在各种用电设备中，除白炽灯、电阻炉等少数电阻性负载外，大多属于电感性负载。例如工农业生产中广泛使用的三相异步电动机和日常生活中大量使用的日光灯、电风扇等都属于电感性负载，而且它们的功率因数往往比较低。如日光灯在 0.5 左右，交流电焊机只有 0.3 ~ 0.4 之间，交流电磁铁甚至低至 0.1。

因此，由于感性负载的存在，导致了电网功率因数的降低。

二、功率因数低的危害

如果功率因数过低，会引起下列两个问题：

（1）使电源设备的容量不能充分利用。例如，一台额定容量为 60kVA 的变压器，假如它在额定电压、额定电流下运行，在负载的功率因数为 1 时，它传输的有功功率是 60W（$P = UI\cos\varphi$），它的容量得到充分的利用。当负载的功率因数为 0.8 时，它传输的有功功率降低为 48kW，电源的利用率较低。若功率因数为 0.6，传输的有功功率为 36W，电源利用更不充分。因此负载的功率因数低时，电源设备的容量就得不到充分的利用。

（2）增加了线路上的功率损耗和电压降。

在一定电压下向负载输送一定的有功功率时，负载功率因数越低，通过输电线路的电流就越大 $\left(I = \dfrac{P}{U\cos\varphi}\right)$，输电线路的电能损耗越大。功率因数是电力经济中的一个重要指标。

　　由以上分析可以看到，提高用户的功率因数对国民经济有着十分重要的意义。

三、提高功率因数的方法

　　在感性电路中，如果要提高电路的功率因数 $\cos\varphi$，应遵循两个原则：一是要保证原感性负载能够正常工作，二是不应增加电源的负担。从功率三角形来分析，就是要在保持 P 不变的前提下，使电路阻抗角 $\varphi = \arccos\dfrac{P}{UI}$ 变小（但电路的性质不变），这时视在功率 $S = UI$ 变小。为了实现上述要求，我们可以在感性负载两端并联一个适当的电容器，如图 3-24(a) 所示。以电压为参考相量，可画出其相量如图 3-24(b) 所示。

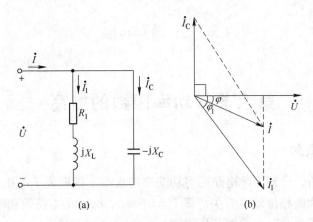

图 3-24　提高功率因数的方法
(a) 电路；(b) 相量图

　　由图 3-24(b) 可知，并联电容前，电路的电流为感性负载的电流 $\dot{I}_1$，电路的功率因数为感性负载的功率因数 $\cos\varphi_1$；并联电容后，电路的总电流 $\dot{I} = \dot{I}_1 + \dot{I}_C$。电路的功率因数变为 $\cos\varphi$。可见，并联电容器后，流过感性负载的电流及其功率因数没有变，而整个电路的功率因数 $\cos\varphi > \cos\varphi_1$，比并联电容前提高了；电路的总电流 $I < I_1$，比并联电容前减小了。但要注意，并联电容后，电路的有功功率并未改变。根据相量图可得：

$$I_C = I_1\sin\varphi_1 - I\sin\varphi = \frac{P}{U\cos\varphi_1}\sin\varphi_1 - \frac{P}{U\cos\varphi}\sin\varphi = \frac{P}{U}(\tan\varphi_1 - \tan\varphi)$$

　　又因 $I_C = U\omega C$，可得

$$C = \frac{P}{\omega U^2}(\tan\varphi_1 - \tan\varphi)$$

　　根据此公式可计算出将功率因数由 $\cos\varphi_1$ 提高到 $\cos\varphi$ 所需并联的电容器的容量。

　　目前我国有关部门规定，电力用户功率因数不得低于 0.9。但是，当 $\cos\varphi = 1$ 时，电路将发生谐振。在电力电路中，这是不允许的，通常单位用户应把功率因数提高到略小于 1。

　　从上面的分析可以看出：

（1）并联电容后，原感性负载消耗的有功功率不变，原来负载两端电压不变，即原电路的工作状态没有改变。

（2）并联电容后，电源输出的有功功率不变，视在功率变小。

（3）并联电容后的电路对电源的功率因数提高，电路的总电流减小。

例 3 - 20　有一电感性负载，接到 220V、50Hz 的交流电源上，消耗的有功功率为 4.8kW，功率因数为 0.5，试问并联多大的电容才能将电路的功率因数提高到 0.95？

解：据题意，$P = 4.8\text{kW}$，$U = 220\text{V}$，$f = 50\text{Hz}$。

未加电容时　　　　　　$\cos\varphi_1 = 0.5$，$\varphi_1 = \arccos 0.5 = 60°$

并联电容后　　　　　　$\cos\varphi = 0.95$，$\varphi = \arccos 0.95 = 18.19°$

$$C = \frac{P}{2\pi f U^2}(\tan\varphi_1 - \tan\varphi)$$

$$= \frac{4.8 \times 10^3}{2 \times 3.14 \times 50 \times 220^2}(\tan 60° - \tan 18.19°)$$

$$= 433\mu\text{F}$$

第七节　电路的谐振

在一个含有储能元件的单相正弦交流电路中，当端电压和总电流同相时，电路呈电阻性，我们称此时的电路发生谐振。所以，电路的谐振基本条件为：阻抗角 $\varphi = 0$ 即 $\cos\varphi = 1$，电路的有功功率和视在功率相等，无功功率为零。

谐振分为串联谐振和并联谐振两种，下面分别进行讨论。

一、串联谐振

（一）谐振条件

对于 *RLC* 串联电路，等效复阻抗为

$$Z = R + j\omega L - j\frac{1}{\omega C} = R + j(X_L - X_C) = R + jX = |Z| \angle \varphi$$

其中

$$X = X_L - X_C = \omega L - \frac{1}{\omega C}$$

电抗

$$|Z| = \sqrt{R^2 + \left(\omega L - \frac{1}{\omega C}\right)^2}$$

若电路谐振，应有 $\omega L = \dfrac{1}{\omega C}$ 或 $X_L = X_C$。

为了满足谐振条件，使电路产生谐振，通过调节 L、C、ω 三个参数任何一个即可。

（1）改变电源频率使电路谐振。令使电路产生谐振的电源角频率为 ω_0，频率为 f_0，根据谐振条件可知

$$\omega_0 L = \frac{1}{\omega_0 C}$$

从而得

$$\omega_0 = \frac{1}{\sqrt{LC}}$$

$$f_0 = \frac{1}{2\pi \sqrt{LC}}$$

对于一个电路，若电感 L 和电容 C 的参数固定，只有一个与之对应的谐振角频率 ω_0 或频率 f_0，所以 ω_0 和 f_0 又称固有频率。当外加电源的频率与电路的固有频率相等时，电路才能产生谐振。通常可利用调频装置来得到所需的谐振频率。

（2）改变电容 C 使电路谐振。电路的电源频率和电感为一定值时，适当地改变电容 C 的大小即可满足谐振条件，使电路产生谐振。

$$C = \frac{1}{\omega^2 L}$$

（3）改变电感 L 使电路谐振。当电路的电源频率与电容为一定值时，适当地改变电感 L 的大小，也可使电路产生谐振。

$$L = \frac{1}{\omega^2 C}$$

上面介绍了欲获取谐振的条件，这是研究谐振问题的一个方面。如果在电路设计中不希望或要防止发生谐振，往往也要调整参数，使 L、C、ω 之间的关系不满足谐振条件即可。

（二）串联谐振电路的特征

由谐振条件 $\omega L = \dfrac{1}{\omega C}$ 或 $X_L = X_C$ 可知谐振时电路的主要特征有：

（1）电路阻抗最小，相当于只有电阻

$$Z = R + \mathrm{j}(X_L - X_C) = R$$

（2）电路中电流最大，且与电源电压同相

$$I = I_0 = \frac{U_s}{|Z|} = \frac{U_s}{R}$$

（3）特性阻抗。

由于谐振时 $\omega_0 = \dfrac{1}{\sqrt{LC}}$，此时电路的感抗与容抗分别为

$$\omega_0 L = \frac{1}{\sqrt{LC}} L = \sqrt{\frac{L}{C}}$$

$$\frac{1}{\omega_0 C} = \frac{\sqrt{LC}}{C} = \sqrt{\frac{L}{C}}$$

即

$$\omega_0 L = \frac{1}{\omega_0 C} = \sqrt{\frac{L}{C}} = \rho$$

其中

$$\rho = \sqrt{\frac{L}{C}}$$

这里 ρ 称为电路的特性阻抗，单位与感抗或容抗一样也是欧（Ω）。它的大小也只是与电路中的 L、C 有关，为电路所固有，而与谐振频率无关。

（4）串联谐振也称为电压谐振，谐振时

$$U_{L0} = I_0 \omega_0 L = \frac{U_S}{R}\rho$$

$$U_{C0} = I_0 \frac{1}{\omega_0 C} = \frac{U_S}{R}\rho$$

电感电压与电容电压相等，且相位相反。电源电压与电阻电压相等，如图 3 - 25 所示。

（5）品质因数：谐振时电感电压 U_{L0} 或电容电压 U_{C0} 与电源电压之比定义为电路的品质因数，用 Q 表示，即

$$Q = \frac{U_{L0}}{U_S} = \frac{U_{C0}}{U_S}$$

Q 值反映了电容电压或电感电压在谐振时为电源电压的倍数。当 Q 很大时，即使外加电压不高，但在谐振情况下，电感和电容将获得较高的电压。

（6）谐振时，电路的无功功率为零，电源只提供能量给电阻元件消耗，而电路内部电感的磁场能和电容的电场能正好完全相互转换。

在 RLC 串联电路中，阻抗随频率的变化而改变，由于 $I = \frac{U}{|Z|}$，在外加电压 U 不变的情况下，I 也将随频率变化，这一曲线称为电流谐振曲线。从图 3 - 26 中可以看出，f 越接近 f_0，电流越大，信号越易通过。f 越偏离 f_0 电流越小，信号越不易通过。网络具有这种选择接近于谐振频率附近的电流通过的性能称为"选择性"。选择性与电路的品质因数 Q 有关，品质因数越大，电流谐振曲线越尖锐，选择性越好。

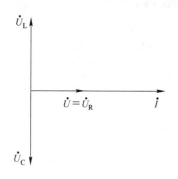

图 3 - 25　RLC 串联谐振相量图

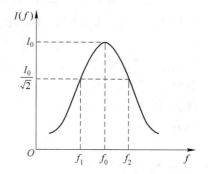

图 3 - 26　电流谐振曲线

（三）串联谐振电路的应用

由于串联谐振时电容的端电压是总电压的 Q 倍，因此我们可以通过改变电容的大小，

让电路的固有频率和信号源中的频率相同，就可以在不同频率的信号中选择出该频率的信号，收音机可以收听不同的电台信号就是根据这一原理。改变电容的过程，就是调谐的过程，可以通过图 3 –27(a) 表示，图 3 –27(b) 是它的等效电路。

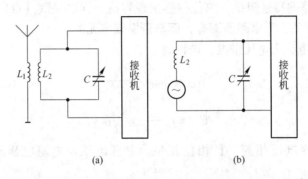

(a)　　　　　　　　　　　(b)

图 3 – 27　收音机调谐等效电路

图 3 – 27 中，L_1 和 L_2 是耦合线圈，L_1 通过接收天线接受电磁波耦合到 L_2 上，形成一个多频率的信号源。调节 C，当 L_2C 回路对某一频率信号发生谐振时，该频率信号在回路中电流最大，在电容两端产生一个是信号电压 Q 倍的电压，而其他频率的信号发生谐振，形成的电流及电压均很小，从而被抑制掉。所以我们可以通过调节电容 C 来改变电路的谐振频率从而选择需要的电台信号。

例 3 –21　收音机的输入回路可用 RLC 串联电路为其模型，其电感为 0. 233mH，可调电容的变化范围为 42. 5 ~ 360pF，试求该电路谐振频率的范围。

解：$C = 42. 5pF$ 时的谐振频率为

$$f_{01} = \frac{1}{2\pi\sqrt{LC}} = \frac{1}{2\pi\sqrt{0. 233 \times 10^{-3} \times 42. 5 \times 10^{-12}}} = 1600\text{kHz}$$

$C = 360pF$ 时的谐振频率为

$$f_{02} = \frac{1}{2\pi\sqrt{LC}} = \frac{1}{2\pi\sqrt{0. 233 \times 10^{-3} \times 360 \times 10^{-12}}} = 550\text{kHz}$$

所以此电路的调谐频率为 550 ~ 1600kHz。

例 3 –22　在电阻、电感、电容串联谐振电路中，$L = 0. 05\text{mH}$，$C = 200\text{pF}$，品质因数 $Q = 100$，交流电压的有效值 $U = 1\text{mV}$。试求：

(1) 电路的谐振频率 f_0。

(2) 谐振时电路中的电流 I_0。

(3) 电容上的电压 U_C。

解：

(1) 电路的谐振频率

$$f_0 = \frac{1}{2\pi\sqrt{LC}} = \frac{1}{2 \times 3. 14 \times \sqrt{5 \times 10^{-5} \times 2 \times 10^{-10}}} = 1. 59\text{MHz}$$

(2) 由于品质因数

$$Q = \frac{X_L}{R} = \frac{\omega_0 L}{R} = \frac{1}{R}\sqrt{\frac{L}{C}}$$

故

$$Q = \frac{1}{R}\sqrt{\frac{L}{C}} = \frac{1}{100}\sqrt{\frac{5 \times 10^{-5}}{2 \times 10^{-10}}} = 5\Omega$$

谐振时，电流为

$$I_0 = \frac{U}{R} = \frac{1 \times 10^{-3}}{5} = 0.2\text{mA}$$

（3）电容两端的电压是电源电压的 Q 倍，即

$$U_C = QU = 100 \times 10^{-3} = 0.1\text{V}$$

二、并联谐振

（一）谐振条件

如前所述，谐振就是在 L、C 同时存在的电路中，出现电路端口处电流与电压同相的现象。并联电路的谐振也是这样。

最简单的 RLC 并联谐振电路如图 3 - 28 所示。并联电路的分析用导纳法比较方便。

由电路图 3 - 28 可知：

$$Y_1 = \frac{1}{Z_1} = \frac{1}{R}$$

$$Y_2 = \frac{1}{Z_2} = \frac{1}{j\omega L} = -j\frac{1}{\omega L}$$

$$Y_3 = \frac{1}{Z_3} = \frac{1}{-j\frac{1}{\omega C}} = j\omega C$$

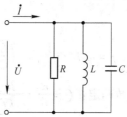

图 3 - 28　并联谐振电路图

端口总导纳

$$Y = Y_1 + Y_2 + Y_3 = \frac{1}{R} + j\left(\omega C - \frac{1}{\omega L}\right)$$

根据谐振定义，显然总导纳的虚部应为零，即

$$\omega C - \frac{1}{\omega L} = 0$$

故产生并联谐振的条件为

$$\omega C = \frac{1}{\omega L}$$

也可写成

$$\omega L = \frac{1}{\omega C}$$

由上式可以推导出并联电路的谐振角频率为

$$\omega_0 = \frac{1}{\sqrt{LC}}$$

并联谐振频率为

$$f_0 = \frac{1}{2\pi\sqrt{LC}}$$

可见，RLC 并联电路的谐振频率和 RLC 串联电路的谐振频率的计算式是一样的。为了使 L、C 并联电路产生谐振，同串联电路一样，可以通过调整 L 和 C 或改变信号源（电源）频率来实现。

（二）并联谐振电路的特征

（1）并联谐振时，$X_L = X_C$，所以谐振时电路的复阻抗为 $Z = R$，为电阻性，其阻抗值最大。

（2）因阻抗值最大，所以在电压一定时，总电路中的电流最小，其值为

$$I_0 = \frac{U}{|Z|} = \frac{U}{R}$$

（3）谐振时电阻中的电流 $I_R = \frac{U}{R} = I_0$，而电容和电感中的电流大小相等，相位相反，且

$$I_C = I_L = \frac{U}{\omega L} = \frac{I_0 R}{\omega_0 L} = \frac{R}{\frac{1}{\sqrt{LC}}L} I_0 = \frac{R}{\sqrt{\frac{L}{C}}} I_0 = \frac{R}{\rho} I_0 = QI_0$$

式中，$\rho = \omega_0 L = \frac{1}{\omega_0 C} = \sqrt{\frac{L}{C}}$，是谐振时的感抗或容抗值，称为特性阻抗，它仅有 L、C 两个参数确定：$Q = \frac{R}{\rho} = \frac{R}{\sqrt{\frac{L}{C}}}$，叫做电路的品质因数，当 $R > \rho$ 时，$Q > 1$，$I_L = I_C > I_0$，Q 越大，$I_L = I_C$ 就越大于端口电流，因此串联谐振又称电流谐振。

（4）谐振时，电路的无功功率为零，电源只提供能量给电阻元件消耗，而电路内部电感和电容元件的磁场能与电场能正好完全相互交换。电感和电容的无功功率相等并且等于有功功率的 Q 倍（$Q_L = Q_C = UQI_0 = QP$）。

（三）并联谐振电路的应用

在无线电广播的发射和接受设备中，要求放大器具有选频放大能力，也就是说放大器能从含有多种频率的信号群中，选出某个频率的信号加以放大，而对其他频率信号不予放大。在实际应用中，都是用 LC 并联谐振电路来实现的，这种具有选频放大性能的放大器称为调谐放大器，如图 3 - 29 所示是其原理图。

图 3 - 30（a）所示是 LC 并联电路的阻抗频率特性，在谐振时，阻抗最大，且呈现电

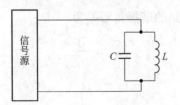

图 3 - 29　LC 并联选频电路

阻性,此时谐振频率信号在 LC 并联电路上呈现的电压也最大;当电路失谐后电路的性质如图 3-30(b) 所示的相位频率特性。

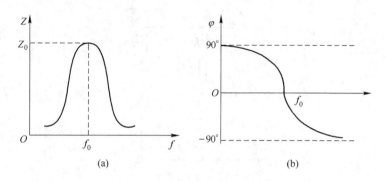

(a)　　　　　　　　　(b)

图 3-30　LC 并联电路的频率特性

　　电感线圈的直流电阻越小,电路的品质因数 Q 越高,阻抗频率特性曲线越陡峭,电路的选择性越好。LC 并联电路的品质因数一般可达几十到一二百之间。由于 LC 并联电路具有选频能力,因此,用它作为放大器的输出负载,则放大器具有选频放大能力,如图 3-31(a) 所示。该放大器对于频率 f_0 的信号输出电压最大,也就具有最大的电压放大倍数 A_{V0},如图 3-31(b) 所示。

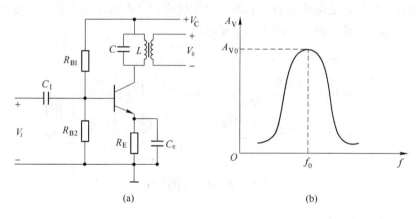

(a)　　　　　　　　　(b)

图 3-31　调谐放大器及其频率特性曲线

　　例 3-23　在图 3-32 所示线圈与电容器并联电路中,已知线圈的电阻 $R = 10\Omega$,电感 $L = 0.127\text{mH}$,电容 $C = 200\text{pF}$。求电路的谐振频率 f_0 和谐振阻抗 Z_0。

　　解:谐振回路的品质因数

$$Q = \frac{1}{R}\sqrt{\frac{L}{C}} = \frac{1}{10}\sqrt{\frac{0.127 \times 10^{-3}}{200 \times 10^{-12}}} \approx 80$$

因为回路的品质因数 $Q \gg 1$,所以谐振频率

$$f_0 = \frac{1}{2\pi\sqrt{LC}} = \frac{1}{2\pi\sqrt{0.127 \times 10^{-3} \times 200 \times 10^{-12}}} = 10^6\text{Hz}$$

电路的谐振阻抗

$$Z_0 = \frac{L}{CR} = Q^2 R = 80^2 \times 10 = 64 \times 10^3\,\Omega = 64\text{k}\Omega$$

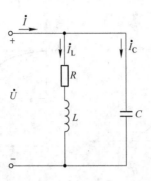

图 3 - 32　线圈与电容并联谐振电路

第八节　知识拓展与技能训练

一、连接日光灯电路图

功率表是用来测量交流电路有功功率的电工仪表，其电流线圈串联结入被测电路，而电压线圈并联结入被测电路，如图 3 – 33 所示。

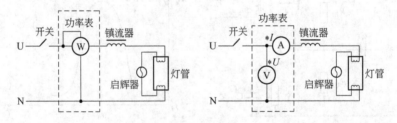

图 3 - 33　日光灯接线图

功率表使用时需注意：

（1）根据负载的电压和电流，正确选择电压量程和电流量程。

（2）功率表正确接法：标有"＊"的电流为电流入端，必须接至电源一端，另一电流端接至负载；标有"＊"的电压端可接电流表的前端（前接法）或后端（后接法），如图 3 – 34 所示。当负载电阻远大于电流线圈电阻时，采用前接法；当负载电阻远小于电流线圈电阻时，采用后接法。

二、日光灯的组成和各部分作用

（1）灯管。灯管是一根 15～40.5mm 直径的玻璃管，在灯光内壁上涂有荧光粉，灯管两端各有一根灯丝。管内充有一定量的氩气和少量水银，氩气有帮助灯管点燃并保护灯丝，延长灯管使用寿命的作用。

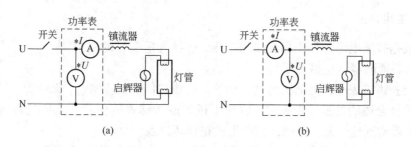

图 3 - 34　功率表前接法和后接法

(a) 前接法；(b) 后接法

（2）镇流器。镇流器是具有铁芯的电感线圈，它有两个作用：在启动时与启辉器配合，产生瞬时高压点燃灯管；在工作时利用串联与电路中的高电抗限制灯管电流，延长灯管使用寿命。镇流器的选用必须与灯管配套，即灯管瓦数必须与镇流器的标称瓦数相同。

（3）启辉器。又叫启动器，俗称跳泡。

内部主要组成有氖气和纸介电容。氖泡内有一个固定的静止触片和一个双金属片，双金属片由两种膨胀系数差别很大的金属薄片黏合而成。动触片和静触片平时分开，纸介电容与镇流器线圈组成 LC 振荡回路，能延长灯丝预热时间和维持脉冲放电电压。

三、会利用自感现象分析日光灯的工作原理

合上开关瞬时，启辉器动、静触片处于断开位置，电源电压几乎全部加在启辉器氖泡动、静触片之间，使其产生辉光放电而逐渐发热。由于两种金属膨胀系数不同发生膨胀伸展而与静触片接触，将电路接通，构成日光灯启辉状态的电流回路。电流流过镇流器和两端灯丝，灯丝被加热而发射电子，启辉器动静触片接触后，辉光放电消失，触片温度下降而恢复断开位置，将启辉器电路分断。此时镇流器线圈中由于电流突然中断，在电感作用下产生较高的自感电动势，它和电源电压叠加后加在灯管两端，导致管内惰性气体电离产生弧光放电，使管内温度升高，液态水银汽化游离，游离的水银分子剧烈运动撞击惰性气体的机会急剧增加，引起水银蒸汽弧光放电，辐射出紫外线，紫外线激发管壁上的荧光粉而发出日光色的可见光。

四、钳形表的使用

钳表是一种用于测量正在运行的电气线路的电流大小的仪表，可在不断电的情况下测量电流。常用的钳表有指针式和数字式两种。指针式钳表测量的准确度较低，通常为 2.5 级或 5 级。数字式钳表测量的准确度较高，外形见图 3 - 35，用外接表笔和挡位转换开关相配合，还具有测量交/直流电压、直流电阻和工频电压频率的功能。

（一）结构及原理

钳表实质上是由一只电流互感器、钳形扳手和一只整流式磁电系有反作用力仪表所组成。

图 3 - 35　钳表

（二）使用方法

（1）根据被测电流的种类和线路的电压，选择合适型号的钳表，测量前首先必须调零（机械调零）。

（2）检查钳口表面应清洁无污物、锈蚀。当钳口闭合时应密合，无缝隙。

（3）选择合适的量程，先选大，后选小量程或看铭牌值估算。更换量程时，应先张开钳口，再转动测量开关，否则，会产生火花烧坏仪表。

（4）当使用最小量程测量，其读数还不明显时，可将被测导线绕几匝，匝数要以钳口中央的匝数为准，读数＝指示值×量程/满偏×匝数。

（5）测量时，应使被测导线处在钳口的中央，并使钳口闭合紧密，以减少误差。

（6）测量完毕，要将转换开关放在最大量程处。

（三）注意事项

（1）被测线路的电压要低于钳表的额定电压，以防绝缘击穿、人身触电。

（2）测量前应估计被测电流的大小，选择适当的量程，不可用小量程去测量大电流。测高压线路的电流时，要戴绝缘手套，穿绝缘鞋，站在绝缘垫上。

（3）每次测量只能测量一根导线。测量时应将被测导线置于钳口中央部位，以提高测量准确度。测量结束应将量程调节开关到最大位置，以便下次安全使用。

（4）钳口要闭合紧密，不能带电换量程。

本 章 小 结

（1）大小和方向随时间按正弦规律周期性变化且在一个周期内的平均值为零的电压、电流和电动势统称为正弦交流电，或称为正弦量。最大值、角频率、初相位称为正弦量的三要素，分别用 I_m、ω、φ 来表示。

（2）通常用小写字母如 i、u、e 分别表示电流、电压和电动势的瞬时值，用带下标 m 的大写字母如 I_m、U_m、E_m 分别表示电流、电压和电动势的最大值，大写字母 I、U 和 E 分别表示电流、电压和电动势的有效值，符号 $\dot{I}$、$\dot{U}$、$\dot{E}$ 为有效值相量。

（3）正弦量可用三角函数式、波形图或者相量图三种方法进行表示。

（4）复数的加减采用代数形式运算；复数的乘除则采用极坐标形式比较简单。

（5）最简单的交流电路是由电阻、电感或电容中的单个电路元件组成的，故称这种电路为单一参数电路元件的交流电路。其他各种类型的交流电路可以认为是由这些单一参数电路元件的不同组合而成的。

（6）单一参数电路的欧姆定律的相量形式为：

$$\dot{U} = R\dot{I}$$

$$\dot{U} = jX_L \dot{I} = j\omega L \dot{I}$$

$$\dot{U} = -jX_C \dot{I} = -j\frac{\dot{I}}{\omega C} = \frac{\dot{I}}{j\omega C}$$

（7）RLC 串联电路欧姆定律的相量形式为：

$$\dot{U} = \dot{I}Z$$

$$Z = |Z| \angle \varphi = R + jX = R + j(X_L - X_C)$$

（8）有功功率、无功功率、视在功率分别为：

$$P = UI\cos\varphi$$

$$Q = UI\sin\varphi$$

$$S = UI$$

（9）正弦交流电路中基尔霍夫定律的相量形式为：

KCL：$\sum \dot{I} = 0$

KVL：$\sum \dot{U} = 0$

（10）当电感上的电压与电容上的电压大小相等，方向相反时，它们正好可以相互抵消，这时，电路中的电压与电流相位相同，就称电路发生了谐振。电路发生谐振时

$$X = \omega L - \frac{1}{\omega C} = 0$$

谐振频率为

$$f_0 = \frac{1}{2\pi\sqrt{LC}}$$

（11）供电设备的额定容量 $S_N = U_N I_N$ 是一定的，其输出的有功功率为

$$P = U_N I_N \cos\varphi = S_N \cos\varphi$$

式中，$\cos\varphi$ 称为功率因数，提高功率因数可以提高供电设备的利用率和降低供电设备和线路功率的损耗。当 $\cos\varphi = 1$ 时，$P = S_N$ 供电设备的利用率最高；一般 $\cos\varphi < 1$，$P < S_N$；$\cos\varphi$ 越低，则输出的有功功率 P 越小，而无功功率 Q 越大，电源与负载交换能量的规模越大，供电设备所提供的能量就越不能充分利用。

1. 正弦交流电的三要素是什么？

2. 某正弦交流电的解析式是 $i = \sin(628t - 60°)$ A，求该正弦交流电的周期、频率、最大值、有效值、初相位。

3. 如图 3-36 所示，是一个按正弦规律变化的交流电的波形图，求出它的周期、角频率、初相位、有效值，并写出它的解析式。

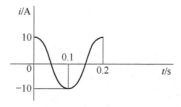

图 3-36　习题 3

4. 已知复数 $A = 8 + \text{j}6$ 和 $B = 3 + \text{j}4$，试求 $A + B$、$A - B$、AB 和 $\dfrac{A}{B}$。

5. 一个标有"36V，100W"的灯泡，接在 $u = 13\sqrt{2}\sin(314t + 30°)$ V 的交流电源上，求流过灯泡的电流的瞬时值表达式。

6. 将 $L = 0.05\text{H}$ 的电感线圈接到 $u = 20\sqrt{2}\sin(100t + 60°)$ V 的交流电源上，忽略线圈的电阻。试求：

（1）线圈的感抗 X_L。

（2）流过线圈的电流有效值 I。

（3）写出电流的瞬时值表达式。

（4）线圈的无功功率 Q。

7. 一个 $C = 50\mu\text{F}$ 的纯电容元件，两端加上 $u = 100\sin(1000t - 30°)$ V 的交流电压，求：

（1）电容器的容抗。

（2）电流的有效值。

（3）写出电流的瞬时值表达式。

8. RL 串联电路，已知 $u = 10\sin(\pi t - 180°)$ V，$R = 4\Omega$，$\omega L = 3\Omega$，试求电感元件上的电压 u_L。

9. 在 RLC 串联电路中，已知 $R = 10\Omega$，$X_\text{L} = 5\Omega$，$X_\text{C} = 15\Omega$，电源电压 $u = 200\sin(\omega t + 30°)$ V，求：

（1）此电路的复阻抗 Z，并说明电路的性质。

（2）电流 $\dot{I}$ 和电压 $\dot{U}_\text{R}$、$\dot{U}_\text{L}$、$\dot{U}_\text{C}$。

10. 一个 RLC 串联负载接入 220V 的交流电路中，已知 $R = 8\Omega$，$X_\text{L} = 10\Omega$，$X_\text{C} = 4\Omega$，试求负载中的电流及负载的有功功率、无功功率、视在功率和功率因数。

11. 已知一 RLC 串联电路中，$R = 10\Omega$，$X_\text{L} = 15\Omega$，$X_\text{C} = 5\Omega$，其中电流 $\dot{I} = 2\angle 30°$ A，试求：

（1）总电压 $\dot{U}$。

（2）$\cos\varphi$。

（3）该电路的功率 P、Q、S。

12. 在 RLC 串联谐振电路中，$L = 0.06\text{H}$，$C = 120\text{pF}$，品质因数 $Q = 100$，交流电压的有效值 $U = 1\text{mV}$。试求：

（1）电路的谐振频率 f_0。

（2）谐振时电路中的电流 I。

13. 一串联谐振电路中，$R = 10\Omega$，$L = 10\text{mH}$，$C = 0.01\mu\text{F}$，试求谐振频率 f_0 和电路的品质因数 Q。

14. 将 $U = 220\text{V}$、$P = 40\text{W}$、$\cos\varphi = 0.5$ 的荧光灯电路的功率因数提高到 0.9，（1）试求需要并联多大的电容。（2）试问并联电容后感性负载本身的功率因数是否提高了呢？

15. 图 3 - 37 所示的 RLC 串联电路中，已知 $R = 30\Omega$，$L = 318.5\text{mH}$，$C = 53\mu\text{F}$ 接于 $f = 50\text{Hz}$ 的电源上，$\dot{I} = 2\angle -30°$ A。

（1）求复阻抗 Z，并确定电路的性质。

（2）求 $\dot{U}_\text{R}$、$\dot{U}_\text{L}$、$\dot{U}_\text{C}$ 及端电压 $\dot{U}$。

（3）绘电压、电流相量图。

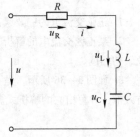

图 3 - 37　习题 15 图

第四章　三相交流电路

内容提要. 在现在的供电系统中，绝大多数都采用三相供电系统，实际生产和生活中通常采用的也是三相发电机及其输配电网构成的供电方式。本章主要介绍三相正弦交流电源、负载，三相电路等。

三相电路是一种工程实用电路，世界各国发电、输电和用电几乎全部采用三相模式。这是因为三相交流电在电能的产生、输送和应用上与单相交流电相比有以下显著优点：

（1）制造三相发电机和三相变压器比制造容量相同的单相发电机和单相变压器节省材料。

（2）在输电电压、输送功率和线路损耗相同的条件下，三相输电线路比单相输电线路节省有色金属。

（3）三相电流不仅能产生旋转磁场，而且对称三相电路的瞬时功率是个常数，从而能制造出结构简单，性能良好的三相异步电动机，因此，三相交流电得到广泛应用。本章主要讨论三相正弦交流电源、三相负载的连接方式及其电压、电流关系，三相电路的计算和功率关系等。

第一节　三相交流电概述

三相交流电通常是由三相交流发电机产生的。三相交流发电机的原理如图 4-1 所示。它主要由定子和转子组成。在定子上嵌有三个相同的三相绕组，首端用 U_1、V_1、W_1 表示，末端用 U_2、V_2、W_2 表示，其中三相绕组的首端或末端之间彼此相差 120°相位差。转子的铁芯上缠有励磁绕组，当给励磁绕组通上直流电时，只要极面和励磁绕组缠绕合适，可在空气隙中产生按正弦规律分布的磁通。当转子以角速度 ω 顺时针方向旋转时，就会在三相绕组中感应出大小相等、频率相同、彼此相差 120°相位差的三相交流感应电动势，分别用 e_U、e_V、e_W 表示。我们把这些大小相等、频率相同、初相位互差 120°的电动势称为对称三相电动势。通常，我们用对称三相电压源来表示。

在三相交流电中，通常电动势的参考方向规定为从末端指向首端。三相正弦电压源是三相电路中最基本的组成部分，在电力系统中，就是三相交流发电机的三相绕组，如图

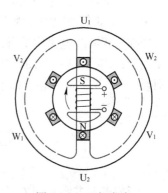

图 4-1　三相交流
发电机原理图

4-2所示。

如果选 U 相作为参考，则对称三相电压源的解析式为

$$u_U = \sqrt{2}U\sin(\omega t)$$

$$u_V = \sqrt{2}U\sin(\omega t - 120°)$$

$$u_W = \sqrt{2}U\sin(\omega t - 240°) = \sqrt{2}U\sin(\omega t + 120°)$$

$$(4-1)$$

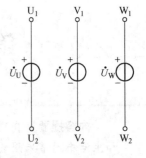

图 4-2　三相正弦电压源

式中，U 为电压的有效值。它们的波形如图 4-3(a) 所示。

对应的相量表达式为：

$$\dot{U}_U = U \angle 0° \ V$$

$$\dot{U}_V = U \angle -120° \ V \qquad (4-2)$$

$$\dot{U}_W = U \angle +120° \ V$$

对应的相量如图 4-3(b) 所示。

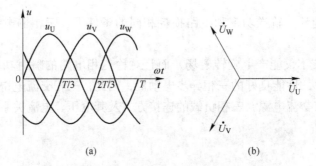

(a)　　　　　　　　　(b)

图 4-3　三相电动势的波形图和相量图

由图 4-3 可得三相对称电压源的瞬时值之和以及相量和恒等于零，即

$$u_U + u_V + u_W = 0$$

$$\dot{U}_U + \dot{U}_V + \dot{U}_W = 0 \qquad (4-3)$$

三相交流电依次到达最大值（或零值）的顺序称为相序。实际应用中经常把按照U→V→W→U 变化的顺序称为正序，而按照 U→W→V→U 变化的顺序称为负序（或逆序）。比如在三相异步电机中就可以通过改变三相电源相序的方法来控制电机的正反转。以后若无说明，均指正序而言的。发电厂、变电所的通电设备通常涂有黄、绿、红三种颜色，分别表示 U、V、W 三相，以示区别。

第二节　三相电源的联结

三相电源并不是作为三个独立的电源向外供电，而是按一定的方式联结后向外供电。通常三相电源有两种联结方式即星形联结和三角形联结。

一、三相电源的星形联结

发电机的三相绕组通常采用星形接法，如图 4-4 所示，将三相绕组的末端 U_2、V_2、W_2 接到一起，其中的公共端点称为中点。从中点引出的导线称为中线（俗称零线），用 N 表示。从首端 U_1、V_1、W_1 引出的三根导线称为相线（或端线，俗称火线），用 U、V、W 表示。我们把这种由三相电源、四根导线组成的电路称为三相四线制电路，如图 4-4 所示。无中线的则称为三相三线制电路。

在图 4-4 中可以看到，相线与相线之间以及相线与中线之间都有电压，因此星形联结可以提供两种电压。其中，相线与中线之间的电压称为相电压，参考方向规定为从相线指向中线，分别用 u_U、u_V、u_W 表示，有效值一般用 U_P 表示。相线与相线之间的电压称为线电压，参考方向按照正序的方向，且习惯上用下标字母的次序表示，分别用 u_{UV}、u_{VW}、u_{WU} 表示，有效值一般用 U_1 表示。

当忽略电源绕组的内阻抗时，三相电源的相电压就等于三相电动势，因此可以得到电源的相电压也是对称的，即

$$\dot{U}_U = U\angle 0°$$

$$\dot{U}_V = U\angle -120°$$

$$\dot{U}_W = U\angle +120° \tag{4-4}$$

当电源绕组做星形接法时，从图 4-4 可以得到相电压与线电压的相量关系为

$$\dot{U}_{UV} = \dot{U}_U - \dot{U}_V$$

$$\dot{U}_{VW} = \dot{U}_V - \dot{U}_W$$

$$\dot{U}_{WU} = \dot{U}_W - \dot{U}_U$$

将式（4-4）代入，由相量的代数换算可得：

$$\dot{U}_{UV} = \sqrt{3}\,\dot{U}_U \angle 30°$$

$$\dot{U}_{VW} = \sqrt{3}\,\dot{U}_V \angle 30°$$

$$\dot{U}_{WU} = \sqrt{3}\,\dot{U}_W \angle 30° \tag{4-5}$$

线电压与相电压之间的关系也可以由相量图 4-5 得到。从相量图可以很容易得到线

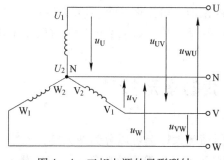

图 4-4 三相电源的星形联结

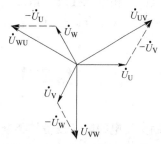

图 4-5 三相电源星形
联结时电压的相量图

电压与相电压的大小关系可表示为：

$$U_1 = \sqrt{3} U_p \tag{4-6}$$

相位关系是：线电压超前对应的相电压30°。

目前，我们日常使用的照明用电是三相四线制中的相电压220V，其线电压是380V。

二、三相电源的三角形接法

如图4-6所示，把电源三相绕组的首尾依次连接成一个闭环，再从连接点分别引出三根火线 U、V、W 的接法称为三相电源的三角形联结。

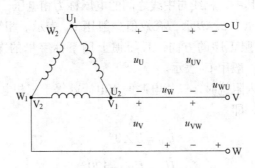

图4-6　三相电源的三角形联结

从图4-6中可以看到：

$$\dot{U}_{UV} = \dot{U}_U$$

$$\dot{U}_{VW} = \dot{U}_V$$

$$\dot{U}_{WU} = \dot{U}_W \tag{4-7}$$

因此，电源作三角形联结时，只能提供一种电压，即线电压，并且在数值上等于对应的电源的相电压，大小仅为电源作星形联结时线电压的 $\dfrac{1}{\sqrt{3}}$。

电源作三角形联结时，一定注意各相绕组的首尾不能接反，当三相电压源联结正确时，在三角形闭合回路中总的电压为零，即 $\dot{U}_U + \dot{U}_V + \dot{U}_W = U_P(\angle 0° + \angle -120° + \angle +120°) = 0$，否则会在电源内部形成较大的环形电流而烧坏电源。

注意：三相电源接成三角形时，为保证联结正确，可先把三个绕组接成一个开口三角形，经一电压表闭合，若电压表读数为零，说明联结正确，可撤去电压表将回路闭合。

第三节　三相负载的星形接法

使用交流电的电气设备种类繁多，根据实际情况大体上可以分为两大类：

（1）需要三相电源才能正常使用，如三相异步电动机等，这些属于三相负载；

（2）本身只需要单相电源，如照明用的电灯等，这些属于单相负载，但多个单相负

载适当连接后可以接于三相电源上，对于三相电源来说，它们的总体也可以看成三相
负载。

在三相负载中，每相的阻抗值和阻抗角都相等的负载称为三相对称负载，如三相交流
电机，不满足上述对称条件的负载称为三相不对称负载，如照明电路一般属于不对称三相
负载。

三相电路的负载是由三部分组成的，其中每一部分叫做一相负载，与三相电源一样，
三相负载也有星形和三角形两种联结方式，三相负载与三相电源按一定方式联结起来组成
三相电路。

三相负载的星形联结，是把三相负载的一端共
同联结成一点，另一端分别接电源的三根相线，三
相负载联结的公共节点称为负载的中点，用 N′ 表
示，如图4-7所示，其中 Z_1、Z_2、Z_3 分别是三相
负载的复阻抗。这种用四根导线把电源和负载联结
起来的三相电路称为三相四线制电路，当负载的额
定电压等于电源的相电压时，负载应采用星形联结
方式。

在负载的星形联结电路中，我们把负载两端的
电压称为负载的相电压，火线中的电流称为线电

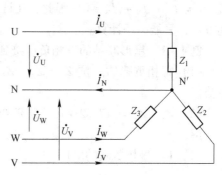

图4-7　三相负载的星形接法

流，相量形式分别用 $\dot{I}_U$、$\dot{I}_V$、$\dot{I}_W$ 表示，有效值一般用 I_1 表示；通过每相负载的电流称
为相电流，有效值一般用 I_P 表示。

当忽略输电线上的电压降时，从图4-7可以看出三相负载作星形联结时的特点：负
载两端的电压等于电源的相电压，且线电流等于相电流，即：

$$U'_P = U_P = U_1/\sqrt{3} \tag{4-8}$$

$$I_1 = I_P \tag{4-9}$$

式中，U'_P 表示负载的相电压，U_P 表示电源的相电压。由于电源的相电压是对称的，所以
负载采用星形接法时，不论负载是否对称，其获得的相电压是对称的，每相负载的相电流
分别是：

$$\dot{I}_U = \frac{\dot{U}_U}{Z_1}$$

$$\dot{I}_V = \frac{\dot{U}_V}{Z_2}$$

$$\dot{I}_W = \frac{\dot{U}_W}{Z_3} \tag{4-10}$$

从图4-7中可以得到中线的电流为

$$\dot{I}_N = \dot{I}_U + \dot{I}_V + \dot{I}_W \tag{4-11}$$

若负载对称，即

$$Z_1 = Z_2 = Z_3 = |Z| \angle \Phi$$

中线的电流为

$$\dot{I}_N = 0$$

这时中线可以省去，则电路由三相四线制变成了三相三线制。

在对称的三相电路时，由于负载对称，电源对称，可以得到电路中的相电流和线电流也分别对称，即大小相等，频率相同，相位互差120°，因此在计算时只要计算出其中的一相，就可以根据对称关系计算出其他的两相。

如果三相负载不对称，则根据式（4-10）可以得出，$\dot{I}_U$、$\dot{I}_V$、$\dot{I}_W$不对称，中线电流 $\dot{I}_N = \dot{I}_U + \dot{I}_V + \dot{I}_W \neq 0$。因此，在计算不对称三相电路的相电流、线电流时不能采用上述方法，只能一一计算。

例 4-1　星形联结的三相负载接到线电压为380V 的三相四线制供电线路上。试求：

（1）每相负载的阻抗 $Z_1 = Z_2 = Z_3 = (17.32 + j10)\Omega$ 时的各相电流、线电流和中线电流。

（2）$Z_1 = Z_2 = (17.32 + j10)\Omega$ 不变、Z_3 改为 $Z_3' = 20\Omega$ 时的各相电流和中线电流。

解：

（1）1）每相负载的电压

$$U_P' = U_P = U_l/\sqrt{3} = 380/\sqrt{3} = 220V$$

设 $\dot{U}_U = 220 \angle 0° \text{ V}$，则 $\dot{U}_V = 220 \angle -120° \text{ V}$，$\dot{U}_W = 220 \angle +120° \text{ V}$

2）求相电流

由于负载对称，因此只需计算一相即可，这里计算 U 相：

由于

$$\dot{U}_U = 220 \angle 0° \text{ V}$$

则：

$$\dot{I}_U = \frac{\dot{U}_U}{Z_1} = \frac{220 \angle 0°}{17.32 + j10} = \frac{220 \angle 0°}{20 \angle 30°} = 11 \angle -30° \text{ A}$$

根据对称，可以得到：

$$\dot{I}_V = 11 \angle -150° \text{ A}$$

$$\dot{I}_W = 11 \angle 90° \text{ A}$$

3）求线电流

$$I_l = I_P = 11A$$

4）求中线电流

根据对称特点，中线电流 $\dot{I}_N = \dot{I}_U + \dot{I}_V + \dot{I}_W = 0$。

（2）此时，三相负载不对称，但由于有中线，各相电压仍对称，保持不变，一、二相不变，三相电流及中线电流变为

$$\dot{I}_W = \frac{\dot{U}_W}{Z_3} = \frac{220 \angle 120°}{20} = 11 \angle 120° \text{ A}$$

$$\dot{I}_N = \dot{I}_U + \dot{I}_V + \dot{I}_W = 11 \angle -30° + 11 \angle -150° + 11 \angle 120° = 5.694 \angle -165° \text{ A}$$

可见，在三相四线制电路中，即使各相负载不对称，各相负载的相电压也是对称的，

当然，负载的线电压也对称。

由以上可知，星形/星形联结三相对称电路具有下列一些特点：

（1）中线不起作用。在上例中，中线电流 $\dot{I}_N = 0$，所以在对称三相电路中，不论有无中线，中线阻抗为何值，电路的情况都一样。

（2）对称的星形/星形三相电路中，每相的电流、电压仅由该相的电源和阻抗决定，各相之间彼此不相关，形成了各相独立性。

（3）各相的电流、电压对称。

例 4-2　图 4-8(a) 中电源电压对称，已知线电压 $U_1 = 380\text{V}$，三个电阻性负载接成星形，其电阻 $R_1 = 11\Omega$，$R_2 = R_3 = 22\Omega$。试计算：

（1）负载的相电压、相电流、中线电流。

（2）当 U 相断开时，其他两相负载的相电压、相电流。

（3）当 U 相断开、中线断开时其他两相负载的相电压、相电流。

（4）当 U 相短路时其他两相负载的相电压、相电流。

（5）当 U 相短路、中线断开时其他两相负载的相电压、相电流。

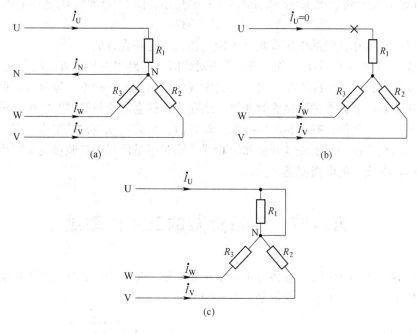

图 4-8　例 4-2 电路图

解：（1）因为在三相四线制中，不管负载对称不对称，负载的相电压等于电源的相电压，即 $U_P = \dfrac{U_1}{\sqrt{3}} = \dfrac{380}{\sqrt{3}} = 220\text{V}$。

取 U 相的电压作为参考电压，各相电流为：

$$\dot{I}_U = \frac{220\angle 0°}{11} = 20\angle 0°$$

$$\dot{I}_{\text{V}} = \frac{220\angle - 120°}{22} = 10\angle - 120°$$

$$\dot{I}_{\text{W}} = \frac{220\angle + 120°}{22} = 10\angle + 120°$$

中线电流 I_{N} 为：

$$\dot{I}_{\text{N}} = \dot{I}_{\text{U}} + \dot{I}_{\text{V}} + \dot{I}_{\text{W}} = 20\angle0° + 10\angle - 120° + 10\angle + 120° = 10\text{A}$$

（2）如果 U 相断开，中线存在，则对其他两相没有影响，电压和电流如步骤（1）。

（3）如果 U 相断开，中线断开，电路变成图 4-8(b)，这时 R_2 和 R_3 串联结在 W、V 之间，则电压和电流为：

$$U_2 = U_3 = 190\text{V}$$

$$I_{\text{V}} = I_{\text{W}} = \frac{380}{22 + 22} = 8.636\text{A}$$

此时负载 V、W 两相负载的电压都低于额定值，这时负载不能正常工作。

（4）U 相短路时，如果中线存在，则 U 相电流很大，将 U 相的熔断器烧坏，V、W 两相不受影响，电压、电流同解题步骤（1）。

（5）如果 U 相短路、中线断开时，如图 4-8(c)所示，此时中点即为 U，各相电压为：

$$U_2 = U_3 = 380\text{V}$$

此时负载 V、W 两相负载的电压都超过了额定值，这是不允许的。

从例题 4-2 中可以看出：当三相负载不对称时，电路中的相电流、线电流也不对称，中线有电流流过，这时中线不能省去，因此中线的作用是使三相不对称负载获得对称的相电压。三相不对称负载作星形接法时如果中线断了，就会使负载获得的电压不再对称，有的相电压要高于额定值，有的相电压要低于额定值，负载不能正常的工作。因此在三相供电系统中，不允许在中线上安装开关和熔断器，同时尽量使三相负载接近于对称，负载越接近于对称，中线上的电流就越小。

第四节　三相负载的三角形联结

三相负载三角形联结时，各相首末端依次相连后，将连接端点分别接到电源的三根火线上，即构成了负载的三角形联结。如图 4-9 所示。

由图中可以看出，负载 Z_{UV}、Z_{VW}、Z_{WU} 分别接在电源的火线之间，因此负载不管对称还是不对称，相电压一般是对称的，其值等于电源的线电压，即：

$$U'_{\text{P}} = U_{\text{l}} \qquad (4-12)$$

则可以得到每相负载的电流，即相电流为：

$$\dot{I}_{\text{UV}} = \frac{\dot{U}_{\text{UV}}}{Z_{\text{UV}}}$$

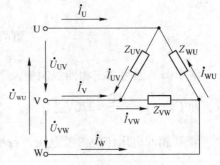

图 4-9　负载的三角形联结

$$\dot{I}_{VW} = \frac{\dot{U}_{VW}}{Z_{VW}}$$

$$\dot{I}_{WU} = \frac{\dot{U}_{WU}}{Z_{WU}} \qquad (4-13)$$

根据 KCL 得到对应的线电流为：

$$\dot{I}_U = \dot{I}_{UV} - \dot{I}_{WU}$$

$$\dot{I}_V = \dot{I}_{VW} - \dot{I}_{UV}$$

$$\dot{I}_W = \dot{I}_{WU} - \dot{I}_{VW} \qquad (4-14)$$

其中：如果负载对称，即 $Z_{UV} = Z_{VW} = Z_{WU} = |Z| \angle \varphi$。
则可以得到负载的相电流之间也是对称的，即

$$I_P = \frac{U'_P}{|Z|} = \frac{U_1}{|Z|}$$

$$\varphi_{UV} = \varphi_{VW} = \varphi_{WU} = \arctan \frac{X}{R} \qquad (4-15)$$

根据相电流与线电流的关系，可以画出相量图，如图 4-10 所示，可以得到线电流也是对称的，它们之间的关系是：

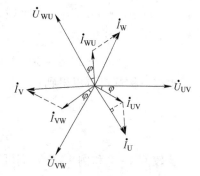

$$\begin{cases} I_U = \sqrt{3} I_{UV} & \dot{I}_U \text{滞后于 } \dot{I}_{UV} 30° \\ I_V = \sqrt{3} I_{VW} & \dot{I}_V \text{滞后于 } \dot{I}_{VW} 30° \\ I_W = \sqrt{3} I_{WU} & \dot{I}_W \text{滞后于 } \dot{I}_{WU} 30° \end{cases} \qquad (4-16)$$

即

$$I_1 = \sqrt{3} I_P \qquad (4-17)$$

相位关系是：线电流滞后于对应的相电流 30°。

图 4-10 对称三相负载
三角形联结的电流相量图

综上所述，当三相负载作三角形联结时，不管负载对称还是不对称，获得的电压是对称的线电压，即负载的相电压等于电源的线电压：

$$U'_P = U_1$$

当负载对称时，负载的相电流和线电流也是对称的，并且线电流的大小等于相电流的 $\sqrt{3}$ 倍，线电流滞后于对应的相电流 30°，即

$$\dot{I}_U = \sqrt{3} \, \dot{I}_{UV} \angle -30°$$

$$\dot{I}_V = \sqrt{3} \, \dot{I}_{VW} \angle -30°$$

$$\dot{I}_W = \sqrt{3} \, \dot{I}_{WU} \angle -30°$$

当负载不对称时，负载的线电流和相电流也不再对称，上述关系也不再成立，这时要根据式（4-14）来求线电流。

例 4-3 将例 4-1 中的负载改为三角形联结，接到同样的电源线上，三相三线制。试求各相负载的相电流和线电流。

解：

（1）求负载各相电压：

根据负载作三角形联结的特点：

$$U_P' = U_1 = 380V$$

（2）求相电流：

由于负载对称，因此只需计算一相即可，以 U 相为参考相量，即 $\dot{U}_U = 220\angle 0° \text{ V}$。则 $\dot{U}_{UV} = 380\angle 30° \text{ V}$，$\dot{U}_{VW} = 380\angle -90° \text{ V}$，$\dot{U}_{WU} = 380\angle 150° \text{ V}$。因此，各相电流为：

$$\dot{I}_{UV} = \frac{\dot{U}_{UV}}{Z} = \frac{380\angle 30°}{20\angle 30°} = 19\angle 0° \text{ A}$$

根据对称性，可以得到：

$$\dot{I}_{VW} = 19\angle -120°\text{A}$$

$$\dot{I}_{WU} = 19\angle 120° \text{ A}$$

即 $I_P = 19A$，相量如图 4 – 11 所示。

（3）求线电流：

$$I_1 = \sqrt{3}I_P = \sqrt{3}\times 19 = 33A$$

$$\dot{I}_U = \sqrt{3}\,\dot{I}_{UV}\angle -30° = \sqrt{3}\angle -30°\times 19\angle 0°$$
$$= 33\angle -30° \text{ A}$$

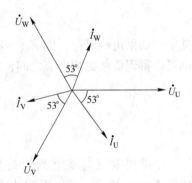

图 4 – 11　例 4 – 3 电路图

根据对称性，可以得到：

$$\dot{I}_V = 33\angle -150° \text{ A}$$

$$\dot{I}_W = 33\angle 90° \text{ A}$$

比较例 4 – 1 和例 4 – 3 我们可以得到：负载接成三角形联结时获得的电压是接成星形联结时的 $\sqrt{3}$ 倍，负载接成三角形时的相电流是接成星形时的 $\sqrt{3}$ 倍，负载接成三角形联结时线电流是接成星形联结时的 3 倍。在实际应用中，三相异步电动机经常采用星形 – 三角形联结降压启动的方法来降低启动电流。

第五节　三相电路的功率

在三相电路中，不管负载是星形还是三角形联结，三相电路总的有功功率都等于每相有功功率之和。

$$P = P_U + P_V + P_W \tag{4 – 18}$$

若负载对称，每一相的有功功率一定相等，则总的有功功率为：

$$P = 3U_P I_P \cos\varphi \tag{4 – 19}$$

式中　U_P——负载的相电压；

　　　I_P——负载的相电流；

　　　φ——负载中相电压与相电流的相位差。

当对称负载作星形联结时：$U_p = \dfrac{U_1}{\sqrt{3}}$，$I_p = I_1$，代入到式（4-19）中，可得：

$$P = \sqrt{3}\,U_1 I_1 \cos\varphi$$

当对称负载作三角形联结时：$U_p = U_1$，$I_1 = \sqrt{3}\,I_p$，代入到式（4-19）中，可得

$$P = \sqrt{3}\,U_1 I_1 \cos\varphi$$

综上可得：三相对称负载不管是星形联结还是三角形联结，电路中总的有功功率都是：

$$P = \sqrt{3}\,U_1 I_1 \cos\varphi \tag{4-20}$$

同理可得，三相对称负载的无功功率和视在功率是：

$$Q = \sqrt{3}\,U_1 I_1 \sin\varphi \tag{4-21}$$

$$S = \sqrt{3}\,U_1 I_1 \tag{4-22}$$

例 4-4 已知三相对称负载，每相负载的电阻 $R = 8\Omega$，感抗 $X_L = 6\Omega$，电源的线电压 $U_1 = 380\text{V}$，求负载分别作星形和三角形联结时总的有功功率。

解： 负载的阻抗：　　$|Z| = \sqrt{R^2 + X_L^2} = \sqrt{8^2 + 6^2} = 10\Omega$

负载的功率因数：　　$\cos\varphi = \dfrac{R}{|Z|} = \dfrac{8}{10} = 0.8$

（1）负载接成星形时的线电流：

$$I_1 = I_p = \frac{380}{\sqrt{3} \times 10} = 22\text{A}$$

接成星形时的功率：

$$P_Y = \sqrt{3}\,U_1 I_1 \cos\varphi = \sqrt{3} \times 380 \times 22 \times 0.8 = 1.16\text{kW}$$

（2）负载接成三角形时的线电流：

$$I_1 = \sqrt{3}\,I_p = \frac{\sqrt{3} \times 380}{10} = 66\text{A}$$

接成三角形时的功率：

$$P_\triangle = \sqrt{3}\,U_1 I_1 \cos\varphi = \sqrt{3} \times 380 \times 66 \times 0.8 = 3.48\text{kW}$$

从上面的计算结果可以得知：三相负载接在同一电源上的时候，接成三角形时的功率是接成星形时功率的 3 倍。那么，在实际电路中，负载究竟是接成星形联结还是接成三角形联结，要由负载的额定电压和电源的线电压来确定。当负载的额定电压等于电源的相电压时，负载应作星形联结；当负载的额定电压等于电源的线电压时，负载应作三角形联结。比如，三相异步电动机的铭牌上通常标注：电压 220/380V，接法三角形/星形，这表示当电源的线电压是 220V 时，应采用三角形联结，当电源的线电压是 380V 时，应采用星形联结。

第六节　知识拓展与技能训练

一、安全用电常识

随着生活水平的提高，人们接触到的各种电气设备种类也越来越多。为确保安全用

电、防止人身伤害，掌握安全用电尤为重要。

（一）常见的触电方式

常见的触电方式主要有两种：

（1）双线触电：就是人体同时接触两根火线，如图 4 – 12（a）所示，这时不管中点接不接地，人体接触的电压都是 380V，是最危险的一种。

（2）单线触电：如图 4 – 12（b）所示，就是人体接触一相电压，电流通过人体、大地和电源中性线或对地电容形成闭合回路。另外某些电气设备如果因绝缘破损而漏电，人体触及外壳，相当于单线触电，也会造成触电事故。

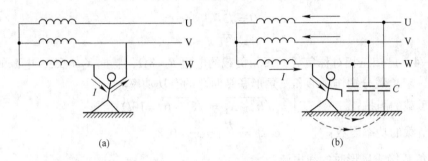

图 4 – 12　触电方式

（二）安全措施

（1）接地保护。把电气设备的金属外壳和与外壳相连的金属构架用电阻很小的接地保护与大地可靠的联结起来，称为接地保护。如图 4 – 13 所示为三相交流电动机的接地保护。当人体不小心接触漏电的外壳时，由于接地保护装置的电阻远远小于人体电阻，因此人体中几乎没有电流流过。

（2）接零保护。把电气设备的金属外壳用导线与电源单独联结起来的方式称为接零保护。此方法适用于中性点直接接地的供电系统。如图 4 – 14 所示，当电气设备的某相绝缘损坏而碰壳时，就会造成该相短路，引起很大的短路电流，烧断熔断器，自动切断电源保护用电设备。

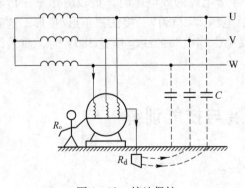

图 4 – 13　接地保护

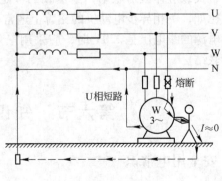

图 4 – 14　接零保护

二、三相功率的测量

在实际工作中，通常需要测量电路的功率，根据负载的联结形式和对称与否，三相功率的测量，大多采用单相功率表，也有采用三相功率表的。其测量方法有一表法、两表法、三表法及直接三相功率表法四种：

（1）一表法。此法只适合于三相对称负载，即只要用一个功率表测出一相负载的功率后乘以3即得三相负载的总功率。这种测法需要注意功率表两端的电压是负载的相电压，通过的电流是负载的相电流，如图4-15所示。

（2）两表法。此法只适用于三相三线制，不管负载是否对称，不管负载是星形联结还是三角形联结，都可以用两表法测量，这时负载的总功率等于两个功率表读数之和，其中一个功率表的读数没有意义，如图4-16所示。

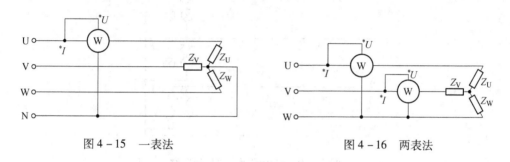

图4-15　一表法　　　　　　　　　图4-16　两表法

（3）三表法。此法适合于三相不对称负载，用三个功率表分别测出三个负载的功率加起来即为总功率。如图4-17所示。

（4）直接三相功率表法。

直接三相功率表法适用于三相三线制电路。它是利用三相功率表直接接在三相电路中，进行三相功率的测量，功率表中的读数即为三相功率 P，其接线方式如图4-18所示。

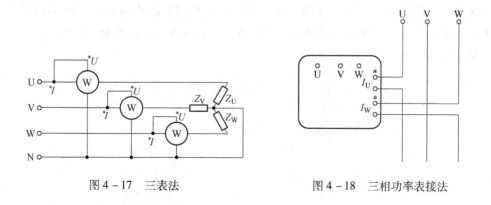

图4-17　三表法　　　　　　　　　图4-18　三相功率表接法

三、三相照明电路

三相照明电路属于三相不对称电路，如照明用的电灯本身只需要单相电源，这些属于单相负载，但多个单相负载适当连接后可以接于三相电源上，对于三相电源来说，它们的总体也可以看成三相负载，并且是三相不对称负载。一般，三相照明电路均采用星形联结。因此，下面着重介绍，三相不对称负载星形连接电路以及各种电压、电流的测量，并且分析三相照明电路中性线的作用。

　　图 4 - 19 为三相照明电路星形连接的三相四线制电路图，每相由两个灯泡并联连接，其中有一盏灯串联一个开关。下面分析当三个开关 S_1、S_2、S_3 均处于闭合状态，即三相负载对称时；以及当 S_1 断开、S_2 和 S_3 处于闭合状态，即三相负载不对称时，并且在有、无中线的情况下，相电压、线电压、中线电压以及相电流、线电流、中线电流的关系。

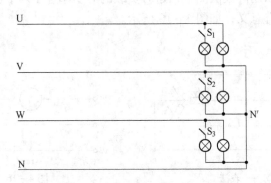

图 4 - 19　三相照明电路星形联结

（一）三相负载对称时的分析

　　图 4 - 20 为图 4 - 19 中当开关 S_1、S_2、S_3 均处于闭合状态时的三相照明电路。电压表 V_1 测量相电压，其他相电压测量方法相同；电压表 V_2 测量线电压，其他各线电压测量方法相同；电压表 V_3 测量中线电压；毫安表 mA_1 测量线电流和相电流；其他相、线电流测量方法相同；毫安表 mA_2 测量中线电流。下面分别测量在有中线和无中线的情况下，各相电压、线电压、中线电压，相电流、线电流、中线电流，比较各量之间的关系，得到的关系见表 4 - 1。

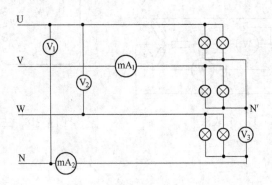

图 4 - 20　三相照明电路负载对称时的星形联结

表4-1　三相负载对称时的各电压、电流的关系

负载性质	有无中线	线电压与相电压	线电流与相电流	中性点电压	中线电流
对　称	有	$U_L = \sqrt{3}U_P$	$I_L = I_P$	$U_{NN'} = 0$	$I_N = 0$
	无	$U_L = \sqrt{3}U_P$	$I_L = I_P$	$U_{NN'} = 0$	$I_N = 0$

由表4-1可知，在三相负载对称时，中性线电流和电压均为零，因此可以省去变成三相三线制电路。

（二）三相负载不对称时的分析

图4-21为图4-19中当开关 S_1 断开，S_2、S_3 均处于闭合状态时的三相照明电路。电压表 V_1、电压表 V_2、电压表 V_3；毫安表 mA_1、毫安表 mA_2 测量方法与上相同。下面分别测量在有中线和无中线的情况下，各相电压、线电压、中线电压，相电流、线电流、中线电流，比较各量之间的关系，得到的关系见表4-2。

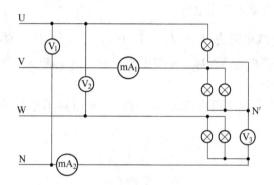

图4-21　三相照明电路负载不对称时的星形联结

表4-2　三相负载不对称时的各电压、电流的关系

负载性质	有无中线	线电压与相电压	线电流与相电流	中性点电压	中线电流
不对称	有	$U_L = \sqrt{3}U_P$	$I_L = I_P$	$U_{NN'} = 0$	$I_N \neq 0$
	无	—	$I_L = I_P$	$U_{NN'} \neq 0$	$I_N = 0$

由表4-2可知，不对称负载作星形联结不接中线时，负载中性点 N′ 与 N 电位不同，负载上各相电压将不相等，相电压与线电压 $\sqrt{3}$ 倍关系就会遭到破坏，在三相负载均为白炽灯负载的情况下，灯泡标称功率最小（电路电阻大）的相电压最高，灯泡最亮；在负载不对称时，相电压最高的一相可能将灯烧毁，倘若有了中线，由于中线阻抗很小，电源中性点与负载中性点是等电位点，则保证了各相负载电压对称。总之对于不对称负载来说，中线是必不可少的。

注意事项：

（1）连接电路时，注意电流表、电压表的接线方法；注意灯泡星形联结时，末端勿连接到相线。

（2）通电前，检查电路接线是否正确。

（3）不允许在通电情况下安装或拆除白炽灯。

（4）断开中线观察亮度及测量数据时，动作要迅速，因不对称负载无中线时，有的相电压太高，容易烧毁灯泡。

本 章 小 结

（1）三相交流电一般由三相发电机产生。对称三相正弦量的特点是：三个频率相同、振幅相等而相位上互差120°的三个正弦量，对称三相正弦量的瞬时值之和及相量和恒等于0。

（2）三相电源的两种联结方式。

1）星形联结。相电压和线电压都是对称的。线电压和相电压的关系为：线电压等于相电压的$\sqrt{3}$倍，相位比对应的相电压超前30°。

2）三角形联结。线电压等于相电压。要注意电源绕组的正确接法。

（3）三相负载的两种联结方式。

1）星形联结：线电流等于相电流。

三相四线制中，中线电流为 $\dot{I}_N = \dot{I}_U + \dot{I}_V + \dot{I}_W$，若三相电流对称则 $\dot{I}_N = 0$。

2）三角形联结：若相电流对称，则线电流对称，线电流等于$\sqrt{3}$倍的相电流，相位上比对应的相电流滞后30°。

（4）三相电路的功率为三相功率之和，对称三相电路不论是星形联结还是三角形联结都可按下式计算：

$$P = \sqrt{3}U_l I_l \cos\varphi$$

$$Q = \sqrt{3}U_l I_l \sin\varphi$$

$$S = \sqrt{3}U_l I_l$$

习　题

1. 已知 $u_{UV} = 380\sqrt{2}\sin(\omega t + 60°)$，试写出 u_{VW}、u_{WU}、u_U、u_V、u_W 的解析式。

2. 判断图 4 – 22 中各负载的联结方式。

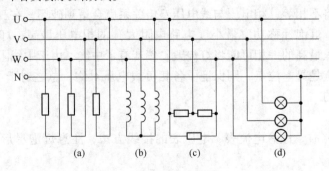

图 4 – 22　习题 2 图

3. 对称的三相电路，每相负载电阻 $R = 20\Omega$，$X_L = 15\Omega$。

（1）当电源线电压 $U_1 = 380V$ 时，求负载星形联结时的相电压、相电流、线电流并作相量图。

（2）当电源线电压 $U_1 = 220V$ 时，求负载三角形联结时的相电压、相电流、线电流并作相量图。

4. 如图 4 – 23 所示的电路，三相对称电源的线电压是 380V，三相负载 $R = X_L = X_C = 20\Omega$，（1）此负载是否是三相对称负载？（2）求相电流及中线电流；（3）求三相有功功率。

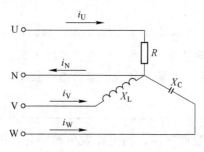

图 4 – 23　习题 4 图

5. 对称三相负载作星形联结，已知每相阻抗 $Z = (30 + 40j)\Omega$，电源的线电压是 380V。求三相总功率 P、Q、S 及功率因数 $\cos\varphi$。

6. 有一三相异步电动机，其绕组接成三角形，接在线电压是 380V 的三相电源上，从电源取用的功率 $P = 11.43kW$，功率因数 $\cos\varphi = 0.87$，试求电动机的相电流和线电流。

7. 有一台三相发电机，其绕组接成星形，每相的额定电压是 220V。在一次实验时，发现用电压表测得相电压 $U_U = U_V = U_W = 220V$，而线电压 $U_{UV} = U_{WU} = 220V$，$U_{VW} = 380V$，试问这种现象是如何造成的？

8. 有一次某楼照明电路发生故障，第二层和第三层楼所有电灯忽然都暗淡下来，只有第一层楼的电灯亮度未变，请问这是发生了什么原因？同时发现第三层楼的电灯比第二层楼的电灯还要暗一些，这又是什么原因？这座教学楼的照明电路是如何联结的？

第五章　电路的暂态分析

内容提要：本章主要讨论：暂态、稳态、换路等基本概念；换路定律及其一阶电路响应初始值的求解；零输入响应、零状态响应及全响应的分析过程；一阶电路的三要素法等。

含有动态元件 L 和 C 的线性电路，当电路发生换路时，由于动态元件上的能量不能发生跃变，电路从原来的一种相对稳态过渡到另一种相对稳态需要一定的时间，在这段时间内电路中所发生的物理过程称为暂态，揭示暂态过程中响应的规律称为暂态分析。本章主要介绍一阶暂态电路的分析。

第一节　暂 态 过 程

在一定的条件下，事物的运动会处于一定的稳定状态。当条件改变，其状态就会发生变化，过渡到另一种新的稳定状态。譬如，电动机启动，其转速由零逐渐上升，最终达到额定转速；高速行驶汽车的刹车过程：由高速到低速或高速到停止等。它们的状态都是由一种稳定状态转换到另一种新的稳定状态，这个过程的变化都是逐渐的、连续的，而不是突然的、间断的，并且是在一个瞬间完成的，这一过程就叫暂态过程。

一、暂态过程的概念

（1）稳定状态。所谓稳定状态就是指电路中的电压、电流已经达到某一稳定值，即电压和电流为恒定不变的直流或者是最大值与频率固定的正弦交流。

（2）暂态过程。电路从一种稳定状态向另一种稳定状态的转变，这个过程称为暂态过程，也称为过渡过程。电路在暂态过程中的状态称为暂态。

为了了解电路产生暂态过程的原因，我们观察一个实验现象。

图 5-1 所示电路，三个并联支路分别为电阻、电感、电容与灯泡串联，S 为电源开关。当闭合开关 S 时我们发现电阻支路的灯泡 EL_1 立即发光，且亮度不再变化，说明这一支路没有经历暂态过程，立即进入了新的稳态；电感支路的灯泡 EL_2 由暗渐渐变亮，最后达到稳定，说明电感支路经历了暂态过程；电容支路的灯泡 EL_3 由亮变暗直到熄灭，说明电容支路也经历了暂态过程。当然若开关 S 状态保持不变（断开或闭合），我们就观察不到这些现象。由此可知，产

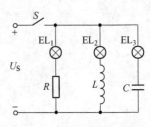

图 5-1　暂态过程演示实验

生暂态过程的外因是接通了开关，但接通开关并非都会引起暂态过程，如电阻支路。产生暂态过程的两条支路都存在有储能元件（电感或电容），这是产生暂态过程的内因。

（3）换路。通常把电路状态的改变（如通电、断电、短路、电信号突变、电路参数的变化等），统称为换路，并认为换路是立即完成的。

综上所述，产生暂态过程的原因有两个方面，即外因和内因。换路是外因，电路中有储能元件（也叫动态元件）是内因。所以暂态过程的物理实质，在于换路迫使电路中的储能元件要进行能量的转移或重新再分配，而能量的变化又不能从一种状态跳跃式地直接变到另　种状态，必须经历　个逐渐变化过程。

二、换路定律

含有储能元件的电路在换路后，一般都要经历一段过渡过程，这是什么原因呢？下面以图 5-2 所示的两个电路为例讨论这个问题。为便于电路分析，在讨论前做如下设定：$t=0$ 为换路瞬间，而以 $t=0_-$ 表示换路前一瞬间，$t=0_+$ 表示换路后一瞬间。0_- 和 0_+ 在数值上都等于 0，但前者是指 t 从负值趋近于零，后者是指 t 从正值趋近于零。

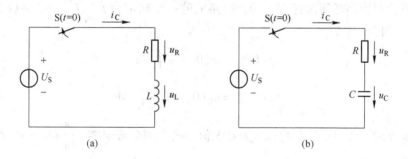

图 5-2　换路定理分析

在图 5-2(a)中，对于线性电感，电压 u 和电流 i 在关联参考方向下，有：

$$u = \frac{\mathrm{d}\psi}{\mathrm{d}t}$$

$$\mathrm{d}\psi = u\mathrm{d}t$$

对上式两边积分，在任意时刻 t 得到（设 t_0 为计时起点）：

$$\psi(t) = \psi(t_0) + \int_{t_0}^{t} u\mathrm{d}\xi$$

将 $\psi = Li$ 代入上式，有：

$$i(t) = i(t_0) + \frac{1}{L}\int_{t_0}^{t} u\mathrm{d}\xi$$

式中，t_0 为一指定时间。

假如我们把换路时间选择为 $t=0$，换路前的前一瞬间记为 $t=0_-$，换路后的一瞬间记为 $t=0_+$，则得：

$$\psi(0_+) = \psi(0_-) + \int_{0_-}^{0_+} u\mathrm{d}t$$

$$i(0_+) = i(0_-) + \frac{1}{L}\int_{0_-}^{0_+} u\mathrm{d}t$$

如果换路时，电感两端电压 u 为有限值，式中积分等于零，$\int_{0_-}^{0_+} u \mathrm{d}t = 0$，电感中的磁通量和电流不能发生跃变，即：

$$\psi(0_+) = \psi(0_-)$$
$$i_\mathrm{L}(0_+) = i_\mathrm{L}(0_-)$$

在图 5 - 2(b) 中，对于线性电容元件，电压 u 和电流 i 在关联参考方向下，有 $i = \dfrac{\mathrm{d}q}{\mathrm{d}t}$，即 $\mathrm{d}q = i\mathrm{d}t$。

对上式两边积分，在任意时刻 t 得到（设 t_0 为计时起点）：

$$q(t) = q(t_0) + \int_{t_0}^{t} i(\xi) \mathrm{d}\xi$$

将 $q = Cu$ 代入上式有：

$$u(t) = u(t_0) + \frac{1}{C} \int_{t_0}^{t} i(\xi) \mathrm{d}\xi$$

式中，t_0 为一指定时间。

假如我们把换路时间选择为 $t = 0$，换路前的一瞬间记为 $t = 0_-$，换路后的一瞬间记为 $t = 0_+$，则得：

$$q(0_+) = q(0_-) + \int_{0_-}^{0_+} i\mathrm{d}t$$

$$u_\mathrm{C}(0_+) = u_\mathrm{C}(0_-) + \frac{1}{C} \int_{0_-}^{0_+} i\mathrm{d}t$$

如果换路时，流过电容的电流 i 为有限值，式中积分等于零，$\int_{0_-}^{0_+} i\mathrm{d}t = 0$，得到电容上的电荷、电压不能发生跃变，即：

$$q(0_+) = q(0_-)$$
$$u_\mathrm{C}(0_+) = u_\mathrm{C}(0_-)$$

通过上面分析，换路定则叙述如下：对电容来说，当通过电容元件的电流为有限值时，在换路瞬间 $q(0_+) = q(0_-)$，$u_\mathrm{C}(0_+) = u_\mathrm{C}(0_-)$。对电感元件来说，当电感两端的电压为有限值时，在换路瞬间，$\psi(0_+) = \psi(0_-)$，$i_\mathrm{L}(0_+) = i_\mathrm{L}(0_-)$。

三、一阶电路初始值的计算

一阶电路初始值的概念包括：

(1) 一阶电路：只含有一个储能元件的电路称为一阶电路。

(2) 初始值：我们把 $t = 0_+$ 时刻电路中电压、电流的值，称为初始值。

根据换路定律确定电路初始值的步骤：

(1) 根据换路前的电路求出换路前瞬间，即 $t = 0_-$ 时的电容电压 $u_\mathrm{C}(0_-)$ 和电感电流 $i_\mathrm{L}(0_-)$ 值。

(2) 根据换路定律求出换路后瞬间，即 $t = 0_+$ 时的电容电压 $u_\mathrm{C}(0_+)$ 和电感电流 $i_\mathrm{L}(0_+)$ 值。

(3) 画出 $t = 0_+$ 时的等效电路，把 $u_\mathrm{C}(0_+)$ 等效为电压源，把 $i_\mathrm{L}(0_+)$ 等效为电

流源。

（4）求电路其他电压和电流在 $t=0_+$ 时的数值。

例 5-1 图 5-3（a）所示的电路中，已知 $R_1=4\Omega$，$R_2=6\Omega$，$U_S=10V$，开关 S 闭合前电路已达到稳定状态，求换路后瞬间各元件上的电压和电流。

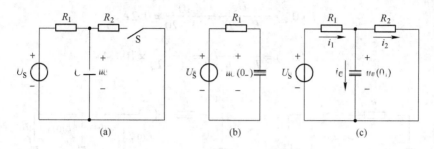

图 5-3　例 5-1 电路图

（a）原电路图；（b）$t=0_-$ 时的等效电路；（c）$t=0_+$ 时的等效电路

解：

（1）换路前开关 S 尚未闭合，R_2 电阻没有接入，电路如图 5-3（b）所示。由换路前的电路

$$u_C(0_-)=U_S=10V$$

（2）根据换路定律

$$u_C(0_+)=u_C(0_-)=10V$$

（3）开关 S 闭合后，R_2 电阻接入电路，画出 $t=0_+$ 时的等效电路，如图 5-3（c）所示。

（4）在图 5-3（c）电路上求出各个电压电流值：

$$i_1(0_+)=\frac{U_S-u_C(0_+)}{R_1}=\frac{10-10}{4}=0A$$

$$u_{R_1}(0_+)=Ri_1(0_+)=0V$$

$$u_{R_2}(0_+)=u_C(0_+)=10V$$

$$i_2(0_+)=\frac{u_{R_2}(0_+)}{R_2}=\frac{10}{6}=1.67A$$

$$i_C(0_+)=i_1(0_+)-i_2(0_+)=-i_2(0_+)=-1.67A$$

例 5-2 电路如图 5-4 所示，开关 S 闭合前电路已稳定，已知 $U_S=10V$，$R_1=30\Omega$，$R_2=20\Omega$，$R_3=40\Omega$。$t=0$ 时开关 S 闭合，试求 $u_L(0_+)$ 及 $i_C(0_+)$。

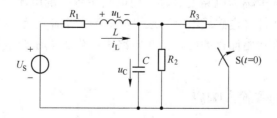

图 5-4　例 5-2 电路图

解：

（1）首先求 $u_C(0_-)$ 和 $i_L(0_-)$。

S 闭合前电路已处于直流稳态，故电容相当于开路，电感相当于短路，据此可画出 $t=0_-$ 时的等效电路，如图 5-5（a）所示。

$$i_L(0_-) = \frac{U_S}{R_1 + R_2} = \frac{10}{30 + 20} = 0.2\text{A}$$

$$u_C(0_-) = \frac{R_2}{R_1 + R_2} U_S = \frac{20}{30 + 20} \times 10 = 4\text{V}$$

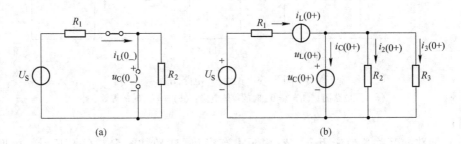

图 5-5　等效电路图

（a）$t=0_-$；（b）$t=0_+$

（2）根据换路定律，有

$$i_L(0_+) = i_L(0_-) = 0.2\text{A}$$
$$u_C(0_+) = u_C(0_-) = 4\text{V}$$

（3）将电感用 0.2A 电流源替代，电容用 4V 电压源替代，可得 $t=0_+$ 时刻的等效电路，如图 5-5（b）所示。故

$$u_L(0_+) = U_S - i_L(0_+)R_1 - u_C(0_+) = 10 - 0.2 \times 30 - 4 = 0\text{V}$$

$$i_C(0_+) = i_L(0_+) - i_2(0_+) - i_3(0_+)$$

$$= i_L(0_+) - \frac{u_C(0_+)}{R_2} - \frac{u_C(0_+)}{R_3}$$

$$= 0.2 - 0.2 - 0.1 = -0.1\text{A}$$

第二节　一阶电路的零输入响应

电路中的电源通常被称为电路的激励，而电路中各处的电流、电压被称为电路的响应。只含有一个储能元件（电感或电容）或可等效为一个储能元件的电路称为一阶电路。当外施电容或电感元件初始储存的能量，在电路中产生了电压或电流（响应）称为电路的零输入响应。

一、一阶 *RC* 电路的零输入响应

所谓 *RC* 电路的零输入，是指无电源激励，输入信号为零。在此条件下，由电容元件

的初始状态 $u_C(0_+)$ 所产生的电路的响应，称为零输入响应。

（一）电压、电流的变化规律

分析 RC 电路的零输入响应，实际上就是分析它的放电过程。图5-6是一 RC 串联电路。在换路前，开关S是合在位置2上的，电源对电容元件充电。在 $t=0$ 时将开关从位置2合到位置1，使电路脱离电源，输入信号为零。此时，电容元件已储有能量，其上电压的初始值 $u_C(0_+)=U_0$；于是电容元件经过电阻 R 开始放电。

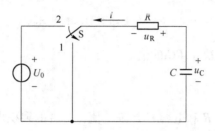

图5-6 RC 电路的零输入响应

由 KVL 列方程： $$u_R(t) - u_C(t) = 0$$
而 $$u_R(t) = Ri(t)$$
$$i(t) = -C\frac{\mathrm{d}u_C(t)}{\mathrm{d}t}$$

代入上式可得

$$R\left[-C\frac{\mathrm{d}u_C(t)}{\mathrm{d}t}\right] - u_C(t) = 0 \tag{5-1}$$

$$RC\frac{\mathrm{d}u_C(t)}{\mathrm{d}t} + u_C(t) = 0$$

式（5-1）是关于 $u_C(t)$ 的一阶常系数线性齐次微分方程，由微分方程的概念，得出该微分方程的通解为

$$u_C(t) = Ae^{-\frac{t}{RC}}$$

式中，A 为积分常数，由电路的初始条件确定。

由换路定律有

$$u_C(0_+) = u_C(0_-) = U_0$$

上式中的 $t=0_+$（即0）

则 $$u_C(0_+) = Ae^{-\frac{0_+}{RC}} = Ae^0 = A = U_0$$

$$u_C(t) = Ae^{-\frac{t}{RC}} = U_0e^{-\frac{t}{RC}} \quad (t>0) \tag{5-2}$$

又因为 $$u_R(t) = u_C(t) = U_0e^{-\frac{t}{RC}}$$

所以 $$i(t) = \frac{u_R(t)}{R} = \frac{U_0}{R}e^{-\frac{t}{RC}} \quad (t>0) \tag{5-3}$$

$u_C(t)$、$i(t)$ 的变化曲线如图5-7所示。

由上面的讨论可知，RC 电路的零输入响应 $u_C(t)$，$i(t)$ 都是随时间按指数规律衰减

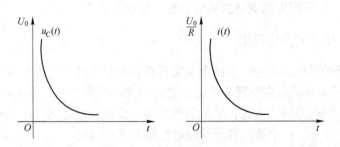

图 5 - 7　RC 电路零输入响应曲线

的变化曲线，其衰减速率取决于 RC 的值。

（二）时间常数

线性电路确定后，电阻 R 和电容 C 是确定值，二者的乘积也是一个确定的常数，用 τ 来表示，即

$$\tau = RC \tag{5-4}$$

式中，τ 表示时间的物理量，其量纲为时间秒（s），故称为电路的时间常数。因此式（5-2）和式（5-3）可表示为

$$u_C(t) = U_0 e^{-\frac{1}{\tau}t} \quad (t>0) \tag{5-5}$$

$$i(t) = \frac{U_0}{R} e^{-\frac{1}{\tau}t} \quad (t>0) \tag{5-6}$$

时间常数 τ 仅由电路参数 R 和 C 决定。R 越大，电路中放电电流越小，放电时间越长；C 越大，电容所储存的电荷量越多，放电时间越长。所以 τ 只与 R 和 C 的乘积有关，与电路的初始状态和外加激励无关。

二、一阶 RL 电路的零输入响应

如图 5-8 所示的电路中，开关 S 接 1 时电路已处于稳态。在 $t=0$ 时将开关 S 由 1 接向 2，换路后，RL 电路与电源脱离，电感 L 将通过电阻 R 释放磁场能并转换为热能消耗掉。上述过程是 RL 电路的零输入响应，下面讨论电路中电压、电流的变化规律。

图 5-8 是 RL 电路的零输入响应根据换路后的电路，由 KVL 及元件的伏安关系得：

$$u_R + u_L = 0$$
$$u_R = i_L R$$
$$u_L = L \frac{di_L}{dt}$$

由上面三式得

$$\frac{L}{R} \frac{di_L}{dt} + i_L = 0 \quad (t>0) \tag{5-7}$$

式（5-7）是一个以 i_L 为待求量的一阶常系数线性齐次微分方程，方程的形式与式（5-1）完全相同，因此求解方法也相同。

式（5-7）的通解为

$$i_L(t) = Ae^{-\frac{R}{L}t} \quad (t > 0)$$

根据初始条件 $i_L(0_+) = i_L(0_-) = \dfrac{U_S}{R}$，确定积分常数 $A = \dfrac{U_S}{R}$ 将其代入上式中，得到满足初始条件的微分方程的通解为

$$i_L(t) = \frac{U_S}{R}e^{-\frac{R}{L}t} \quad (t > 0) \tag{5-8}$$

即

$$i_L(t) = \frac{U_S}{R}e^{-\frac{1}{\tau}t} \quad (t > 0) \tag{5-9}$$

电感电压为

$$u_L(t) = L\frac{di_L}{dt} = -U_Se^{-\frac{1}{\tau}t} \quad (t > 0) \tag{5-10}$$

式中，τ 为 RL 电路的时间常数，单位为秒（s）。$\tau = \dfrac{L}{R}$，具有时间量纲。$i_L(t)$、$u_L(t)$ 的变化曲线如图 5-9 所示，它们都是按指数规律变化的。

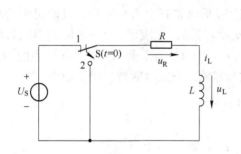

图 5-8 RL 电路的零输入响应

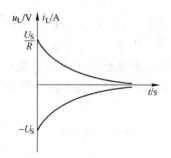

图 5-9 RL 电路零输入响应曲线

第三节 一阶电路的零状态响应

在一阶电路中，当外加电源不为零，而电容或电感元件初始储存的能量为零，在电路中产生的电压、电流称为电路的零状态响应。

一、一阶 RC 电路的零状态响应

所谓零状态响应，是指电路在零初始条件下，即电路中的储能元件 L、C 未储能，仅由外施激励产生的电路响应。

图 5-10 是 RC 串联电路，S 断开时，电容 C 上没有储能。$t = 0$ 时刻将开关 S 闭合，RC 串联电路与外激励 U_S 接通，电容 C 充电。RC 串联电路的零状态响应实质上就是电容 C 的充电过程。

下面讨论电压、电流的变化规律。

按图示电路中电压、电流的正方向 S 接通后，由 KVL 及各元件的伏安关系，得

$$u_R + u_C = U_S$$
$$u_R = Ri$$

$$i = C\frac{\mathrm{d}u_\mathrm{C}}{\mathrm{d}t}$$

由上述三式得

$$RC\frac{\mathrm{d}u_\mathrm{C}}{\mathrm{d}t} + u_\mathrm{C} = U_\mathrm{S} \tag{5-11}$$

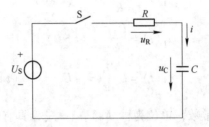

图 5-10　RC 电路的零状态响应

式（5-11）是一个以 u_C 为待求量的一阶常系数非齐次微分方程，其解是由特解和通解两部分组成，即 $u_\mathrm{C}(t) = u'_\mathrm{C} + u''_\mathrm{C}$。其中 u'_C 是特解，它表示在 $t \to \infty$ 时电容两端的电压，因而又叫稳态解（稳态分量），即 $u'_\mathrm{C} = u_\mathrm{C}(\infty) = U_\mathrm{S}$。$u''_\mathrm{C}$ 是式（5-11）中的 $U_\mathrm{S} = 0$ 时方程的通解，也叫暂态解（暂态分量）。它与零输入响应时的解相同，即为

$$u''_\mathrm{C} = Ae^{-\frac{1}{RC}t}$$

所以方程的完全解为

$$u_\mathrm{C}(t) = U_\mathrm{S} + Ae^{-\frac{1}{RC}t} \tag{5-12}$$

式（5-12）中的 A 是积分常数，仍由电路的初始条件确定。该 RC 串联电路的初始值

$$u_\mathrm{C}(0_+) = u_\mathrm{C}(0_-) = 0$$

代入式（5-12）中，得

$$u_\mathrm{C}(0_+) = U_\mathrm{S} + A = 0$$

所以

$$A = -U_\mathrm{S}$$

最后得出方程的完全解

$$u_\mathrm{C}(t) = U_\mathrm{S}(1 - e^{-\frac{1}{RC}t}) \quad (t > 0)$$

$\tau = RC$ 为时间常数，则

$$u_\mathrm{C}(t) = U_\mathrm{S}(1 - e^{-\frac{1}{\tau}t}) \quad (t > 0) \tag{5-13}$$

电容电流

$$i(t) = C\frac{\mathrm{d}u_\mathrm{C}}{\mathrm{d}t} = \frac{U_\mathrm{S}}{R}e^{-\frac{1}{\tau}t} \quad (t > 0) \tag{5-14}$$

$u_\mathrm{C}(t)$、$i(t)$ 的曲线分别如图 5-11(a)、(b) 所示。

二、一阶 RL 电路的零状态响应

图 5-12 所示电路为 RL 串联电路，开关 S 断开时电路处于稳态，且 L 中无储能。在

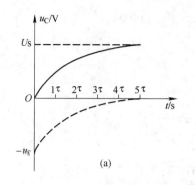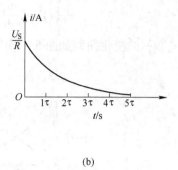

图 5 - 11　RC 电路零状态响应曲线

（a）电容电压零状态响应曲线；（b）电容电流零状态响应曲线

$t = 0$ 时将 S 闭合，此时 RL 串联电路与外激励接通，电感 L 将不断从电源吸取电能转换为磁场能储存在线圈内部。下面分析在此过程中电压、电流的变化规律。

当 S 闭合后，由 KVL 及元件的伏安关系得

$$u_R + u_L = U_S$$

$$u_R = i_L R$$

$$u_L = L \frac{di_L}{dt}$$

将上述三式整理得

$$\frac{L}{R} \frac{di_L}{dt} + i_L = \frac{U_S}{R} \quad (t > 0) \qquad (5 - 15)$$

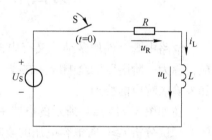

图 5 - 12　RL 电路的零状态响应

解式（5 - 15）所示非齐次微分方程：

其特解（即稳态分量）

$$i'_L = \frac{U_S}{R}$$

齐次方程通解

$$i''_L = A e^{-\frac{1}{\tau} t}$$

故得

$$i_L(t) = i'_L + i''_L = \frac{U_S}{R} + A e^{-\frac{1}{\tau} t}$$

代入初始条件

$$i_L(0_+) = i_L(0_-) = 0$$

得

$$A = -\frac{U_S}{R}$$

则方程的解为

$$i_L(t) = \frac{U_S}{R}(1 - e^{-\frac{1}{\tau} t}) \quad (t > 0) \qquad (5 - 16)$$

电感电压为

$$u_L(t) = L\frac{di_L}{dt} = U_S e^{-\frac{1}{\tau}t} \quad (t>0) \tag{5-17}$$

$i_L(t)$、$u_L(t)$ 的变化曲线如图 5-13 所示。

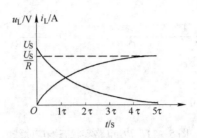

图 5-13　RL 电路零状态响应曲线

第四节　一阶电路的全响应

电路中既有外加激励，又有内部储能元件的初始能量，在两者共同作用下产生的响应，称为一阶电路的全响应。在线性电路中，根据叠加原理，电路的全响应为零状态响应和零输入响应的叠加。

在如图 5-14(a) 所示的电路中，电容已充过电，其初始电压为 U_0，$t=0$ 时，开关 S 闭合，试分析 $t \geqslant 0$ 时电容电压的全响应 u_C。

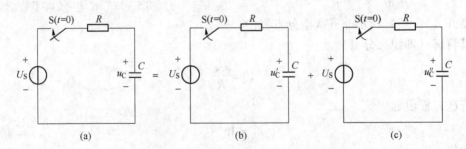

图 5-14　一阶电路的全响应

该电路的零输入响应 u'_C 和零状态响应 u''_C 可分别由如图 5-14(b)、(c) 所示电路求出。

u_C 的零输入响应为

$$u'_C = U_0 e^{-\frac{t}{\tau}}$$

u_C 的零状态响应为

$$u'_C = U_S(1 - e^{-\frac{t}{\tau}})$$

由于　　　　　　　　　　全响应 = 零输入响应 + 零状态响应

所以 u_C 的全响应为

$$u_C = U_0 e^{-\frac{t}{\tau}} + U_S(1 - e^{-\frac{t}{\tau}}) = U_S + (U_0 - U_S)e^{-\frac{t}{\tau}} \tag{5-18}$$

电路的全响应也可通过解微分方程的方法求得，所得结果与式（5-18）完全相同。显然，在全响应电路中，初始值 $u_C(0_+)=U_0$，电容电压的稳态值 $u_C(\infty)=U_S$。

例5-3　在如图5-15所示电路中，开关 S 闭合前电路处于稳态。在 $t=0$ 时将开关 S 闭合。试求换路后的 i_L 和 u_L。

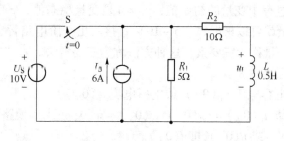

图5-15　例5-3电路图

解： 根据换路定律，由换路前电路求得

$$i_L(0_+)=i_L(0_-)=I_0=\frac{R_1}{R_1+R_2}I_S=2\text{A}$$

由换路后的电路求得稳态值为　　$i_L(\infty)=\dfrac{U_S}{R_2}=1\text{A}$

电路的时间常数为　　　　　　　$\tau=\dfrac{L}{R_2}=0.05\text{s}$

i_L 的零输入响应为　　　　　$i_L'=I_0\text{e}^{-\frac{t}{\tau}}=2\text{e}^{-\frac{t}{0.05}}=2\text{e}^{-20t}\text{A}$

i_L 的零状态响应为

$$i_L''=i_L(\infty)(1-\text{e}^{-\frac{t}{\tau}})=1\times(1-\text{e}^{-\frac{t}{0.05}})=(1-\text{e}^{-20t})\text{A}$$

所以，i_L 的全响应为　　　$i_L=i_L'+i_L''=(2\text{e}^{-20t}+1-\text{e}^{-20t})=(1+\text{e}^{-20t})\text{A}$

u_L 的全响应为　　　$u_L=L\dfrac{\text{d}i_L}{\text{d}t}=0.5\times(-20)\text{e}^{-20t}=-10\text{e}^{-20t}\text{V}$

第五节　一阶线性电路暂态分析的三要素法

只含有一个储能元件或经等效化简后含有一个储能元件的线性电路，不论是简单的还是复杂的，也不论是以哪一处的电压或电流为变量，在进行暂态分析时，所列出的微分方程都是一阶线性常系数微分方程，它的特征方程的根都相同。而且，总结归纳前面所讲述的三种响应中一阶线性常系数微分方程的通解的组成规律，可以得出，一阶电路中任一处的电流或电压都可由两部分组成，即稳态分量 $f(\infty)$ 和暂态分量 $A\text{e}^{-\frac{t}{\tau}}$。如写成一般形式，则为

$$f(t)=f(\infty)+A\text{e}^{-\frac{t}{\tau}}$$

若设初始值为 $f(0_+)$，则得

$$f(0_+)=f(\infty)+A$$

所以，积分常数 A 为

$$A = f(0_+) - f(\infty)$$

于是得

$$f(t) = f(\infty) + [f(0_+) - f(\infty)]e^{-\frac{t}{\tau}} \tag{5-19}$$

式中，$f(0_+)$ 是暂态过程中变量的初始值，$f(\infty)$ 是变量稳态值，τ 是暂态过程的时间常数。只要知道这三个量就可以根据式（5-19）直接写出一阶电路暂态过程中任何变量的变化规律，故把这三个量称为三要素，这种方法称为三要素法。

利用三要素法解题的一般步骤：

（1）求出换路前电容电压 $u_C(0_-)$ 或电感电流 $i_L(0_-)$。

（2）根据换路定律 $u_C(0_+) = u_C(0_-), i_L(0_+) = i_L(0_-)$，求出换路瞬间（$t = 0_+$）响应电流或电压的初始值 $i(0_+)$ 或 $u(0_+)$，即 $f(0_+)$。

（3）稳态时电容相当于开路，电感相当于短路，求出 $t = \infty$ 下响应电流或电压的稳态值 $i(\infty)$ 或 $u(\infty)$，即 $f(\infty)$。

（4）求出电路的时间常数 τ。$\tau = RC$ 或 $\tau = L/R$，其中 R 值是换路后断开储能元件 C 或 L，由储能元件两端看进去，用戴维南或诺顿等效电路求得的等效电阻。

（5）根据所求得的三要素，代入式（5-19）即可得响应电流或电压的暂态过程表达式。

例 5-4　如图 5-16 所示电路中，已知 $U_S = 9V$，$R_1 = 6k\Omega$，$R_2 = 3k\Omega$，$C = 1\mu F$。$t = 0$ 时开关闭合，试用三要素法分别求 $u_C(0_-) = 0V$、3V 和 6V 时 u_C 的表达式，并画出相应的波形。

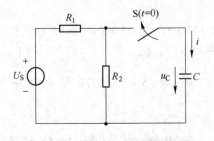

图 5-16　例 5-4 电路图

解： 先确定三要素：

（1）初始值。根据换路定律，S 闭合后电容电压不能突变，分别求出换路后的初始值为

当 $u_C(0_-) = 0V$ 时，　$u_C(0_+) = 0V$

当 $u_C(0_-) = 3V$ 时，　$u_C(0_+) = 3V$

当 $u_C(0_-) = 6V$ 时，　$u_C(0_+) = 6V$

（2）稳态值。电路到达稳态后，电容相当于开路，故

$$u_C(\infty) = \frac{R_2}{R_1 + R_2}U_S = \frac{3}{6+3} \times 9 = 3V$$

（3）时间常数。前已述及，时间常数仅与电路的结构和参数有关，而与外加电源无

关。所以，在求电路的时间常数时，可将外加电压源、电流源分别用短路、开路来代替，然后根据电阻的串并联关系求出等效电阻 R_0。

将图 5 - 16 的电压源用短路代替后，从 C 两端看进去的等效电阻为

$$R_0 = R_1 // R_2 = \frac{6 \times 3}{6 + 3} = 2\mathrm{k}\Omega$$

所以电路的时间常数为　　$\tau = R_0 C = 2 \times 10^3 \times 1 \times 10^{-6} = 2 \times 10^{-3}\mathrm{s}$

将以上三项代入式（5 - 19）得

$u_C(0_-) = 0\mathrm{V}$ 时，　$u_C = 3(1 - e^{-500t})\mathrm{V}$

$u_C(0_-) = 3\mathrm{V}$ 时，　$u_C = 3\mathrm{V}$

$u_C(0_-) = 6\mathrm{V}$ 时，　$u_C = 3(1 + e^{-500t})\mathrm{V}$

它们的波形如图 5 - 17 所示。

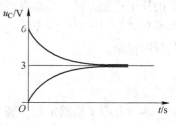

由本例可知：当 $u_C(\infty) > u_C(0)$ 时，电容按指数规律充电；当 $u_C(\infty) = u_C(0)$ 时，换路后电路立即进入稳态，无过渡过程；当 $u_C(\infty) < u_C(0)$ 时，电容按指数规律放电。总之，只有在电路初始值与稳态值不同时，才有过渡过程发生。

图 5 - 17　例 5 - 4 波形图

第六节　知识扩展与技能训练

一、触摸延时照明电路的设计要求

（一）电路功能

（1）用手触摸感应片、灯亮。延时 20s 后，灯熄灭。

（2）延时时间可调。

（二）电路元器件

（1）用直流稳压电源供电；

（2）灯具采用"12V，10W"的灯泡；

（3）延时电路使用阻容元件；

（4）其他元件自选。

二、电路设计简要说明

（一）方案说明

（1）开启方式：利用触摸开关，只要用手轻轻触摸一下，电灯就亮起来。

（2）延时设计：电灯亮起后，过一段时间后能自己关闭。

（二）基本原理

（1）触摸电路。利用人体的导电性质，通过金属片把人体感应电压输入电子电路中，

再经过放大元件放大，作用于电路。常见的放大元件有集成运放、三极管、场效应管等。

注意：必须让手指直接触摸金属片才能使电路工作。放大电路放大倍数越大，电路灵敏度越高。

触摸式开关被广泛应用到各种开关场合中，如常见的电灯。有着无机械噪声，无机械磨损的优点。

（2）延时电路。延时电路被广泛应用于延时电灯、洗衣机、微波炉等电器中，使电器的使用更加方便。精确度高的电路被用于秒级控制的电器中。常用的简单延时电路的基本原理就是利用电容的充放电功能来实现延时功能，并与各类电子元件相互组合实现不同的延时控制。

本 章 小 结

本章介绍了换路定则、暂态过程初始值的确定、一阶电路的暂态响应和一阶电路暂态分析的三要素法。主要内容归纳如下：

（1）换路定则和暂态过程初始值的确定。含有储能元件（L、C）的电路，由一种稳定状态变换成另一种稳定状态必定需要经历一段时间，这个变换过程就是电路的过渡过程（暂态过程），产生过渡过程的原因是能量不能跃变。

电路换路时的初始值可由换路定则来确定。在换路的瞬间，如果电容电流为有限值，则电容电压不能跃变；如果电感电压保持为有限值，则电感电流不能跃变。设电路在 $t=0$ 时换路，则换路定则的表达式为

$$u_C(0_+) = u_C(0_-)$$
$$i_L(0_+) = i_L(0_-)$$

换路定则仅适用于换路的瞬间，利用它可以由换路前的电路来确定换路后的电容电压和电感电流的初始值，即 $u_C(0_+)$ 和 $i_L(0_+)$。通常根据换路定则求换路瞬间的初始值可分为以下三步：

1）按换路前的电路求出换路前瞬间（$t=0_-$）的电容电压 $u_C(0_-)$ 和电感电流 $i_L(0_-)$。

2）由换路定则确定换路后瞬间（$t=0_+$）的电容电压 $u_C(0_+)$ 和电感电流 $i_L(0_+)$。

3）按 $t=0_+$ 时的等效电路，根据电路的基本定律求出换路后瞬间（$t=0_+$）的各支路电流和各元件上的电压。

（2）一阶电路的暂态响应。只包含一个储能元件（电感或电容）或可等效为一个储能元件的电路称为一阶电路，其过渡过程可用一阶微分方程来分析和计算。

一阶电路的零输入响应就是在没有外加激励的情况下，仅靠储能元件的初始能量作用于电路而使电路产生的响应。以 u_C 或 i_L 为变量列出电路的微分方程为一阶线性常系数齐次方程。电路中各处电流、电压都具有如下形式：

$$f(t) = f(0_+) e^{-\frac{t}{\tau}}$$

一阶电路的零状态响应就是在储能元件的初始状态为零，仅在外加激励的作用下产生的响应。以 u_C 或 i_L 为变量列出电路的微分方程是一阶线性常系数非齐次微分方程。电路中各处电流、电压都具有如下形式：

$$f(t) = f(\infty)(1 - e^{-\frac{t}{\tau}})$$

一阶电路的全响应就是在既有外加激励，又有内部储能元件的初始能量，两者共同作用下产生的响应。在线性电路中，根据叠加原理，电路的全响应为零状态响应和零输入响应的叠加，即

全响应 = 零输入响应 + 零状态响应

（3）一阶电路暂态分析的三要素。利用三要素法，可以比较简便的求解一阶电路的各种响应。其计算公式为

$$f(t) = f(\infty) + [f(0_+) - f(\infty)]e^{-\frac{t}{\tau}}$$

时间常数 τ 决定过渡过程的长短。在 RC 电路中，$\tau = RC$；在 RL 电路中，$\tau = L/R$。

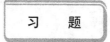

习　题

1. 在如图 5-18 所示电路中，已知 $R_1 = R_2 = 10\Omega$，$U_S = 2V$，求开关在 $t = 0$ 闭合瞬间的 $i_L(0_+)$，$i(0_+)$，$u_L(0_+)$。

2. 在如图 5-19 所示电路中，已知 $R_1 = R_2 = 10\Omega$，$U_S = 2V$，开关 S 闭合前，电路处于稳态，开关 S 在 $t = 0$ 时闭合，求 $i_1(0_+)$，$i_2(0_+)$，$i_3(0_+)$，$u_C(0_+)$，$u_L(0_+)$。

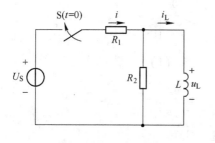
图 5-18　习题 1 图

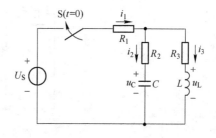
图 5-19　习题 2 图

3. 在如图 5-20 所示电路中，开关未动作前，电容已充电，$u_C(0_-) = 100V$，$R = 400\Omega$，$C = 0.1\mu F$，在 $t = 0$ 时把开关闭合，求电压 u_C 和电流 i。

4. 在如图 5-21 所示电路中，已知 $U_S = 10V$，$R_1 = 2k\Omega$，$R_2 = R_3 = 4k\Omega$，$L = 200mH$，开关未打开前，电路已处于稳定状态，$t = 0$ 时，把开关打开，求电感中的电流。

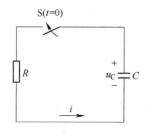
图 5-20　习题 3 图

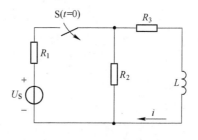
图 5-21　习题 4 图

5. 在图 5-22 所示电路中，已知 $U_S = 6V$，$R_1 = 20k\Omega$，$R_2 = 20k\Omega$，$C = 0.01\mu F$，$u_C(0_-) = 0$。求 $t \geqslant$

0 时的 u_O 和 u_C，并作出相应的波形。

6. 在图 5 – 23 所示电路中，$E = 40V$，$R = 5k\Omega$，$C = 100\mu F$，并设 $u_C(0_-) = 0$，试求：

（1）电路的时间常数 τ；

（2）当开关闭合后电路中的电流 i 及各元件上的电压 u_C 和 u_R，并作出它们的变换曲线；

（3）经过一个时间常数后的电流值。

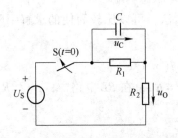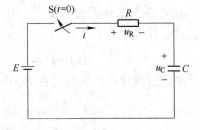

图 5 – 22　习题 5 图　　　　　　　图 5 – 23　习题 6 图

7. 用三要素法写出 i 的表达式并画出其波形。

（1）$i(0_+) = -5A$，$i(\infty) = 10A$，$\tau = 2s$；

（2）$i(0_+) = -5A$，$i(\infty) = -15A$，$\tau = 3s$。

8. 在如图 5 – 24 所示电路中，试用三要素法求 $t \geqslant 0$ 时的 i_1、i_2 及 i_L。

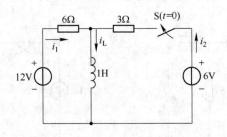

图 5 – 24　习题 8 图

第六章 互 感 电 路

内容提要： 耦合电感和理想变压器是两种耦合元件。本章主要介绍耦合电感中的磁耦合现象、互感和耦合系数，耦合电感的同名端、电流电压的关系还包括含有耦合电感电路的分析计算，及空心变压器、理想变压器等方面的知识。

当一个线圈中的电流发生变化时，不仅会在本线圈中产生自感电动势，而且也将使处于它所产生的变化磁场里的线圈产生感应电动势，这种电磁感应现象叫互感现象，并称这种感应电动势为互感电动势。

在电工技术中，线圈间的互感作用有着广泛的应用，如变压器，利用它可实现电能从一个电路向另一个电路传递。

本章我们主要讨论电磁互感现象的一些规律及其应用。

第一节 互 感 系 数

一、互感现象

两个相邻放置的线圈 1 和线圈 2，如图 6-1 所示，设两个线圈的匝数分别为 N_1、N_2。如果线圈 1 中通有电流时，它所产生的磁通有一部分会穿过线圈 2；同样，线圈 2 通有电流时，它所产生的磁通也会有一部分穿过线圈 1，这时我们就说这两个线圈之间有磁的耦合，或者说线圈 1 和线圈 2 之间有互感。

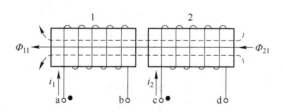

图 6-1 互感现象

当线圈 1 中通有交变电流 i_1 时，它所产生的磁通中，通过自身线圈闭合的称为自感磁通记作 Φ_{11}，磁链 $\Psi_{11} = N_1 \Phi_{11}$ 称为线圈 1 的自感磁链。由于线圈 2 处在 i_1 所产生的磁场之中，电流 i_1 产生的磁通还有一部分穿过线圈 2，使线圈 2 具有的磁通 Φ_{21} 称互感磁通，磁链 $\Psi_{21} = N_2 \Phi_{21}$ 叫做互感磁链。随着 i_1 的变化 Ψ_{21} 也变化，从而在线圈 2 中产生的电压称互感电压。同理，如果线圈 2 中电流 i_2 的变化，也会在线圈 1 中产生互感电压。这种由一个线圈中的电流变化在另一个线圈中产生感应电压的现象叫做互感现象。

为明确起见，磁通、磁链、感应电压等用双下标表示。第一个下标代表该量所在线圈的编号，第二个下标代表产生该量的原因所在线圈的编号。例如，Ψ_{21} 表示由线圈 1 产生的穿过线圈 2 的磁链。

二、互感系数

假设电流的参考方向与它产生的磁通的参考方向满足右手螺旋定则时，我们把与线圈 2 相交链的磁链 Ψ_{21} 与产生它的电流 i_1 的比值定义为互感系数，用符号 M_{21} 表示，称之为线圈 1 对线圈 2 的互感系数，简称互感。

$$M_{21} = \frac{\Psi_{21}}{i_1}$$

同理，线圈 2 对线圈 1 的互感为

$$M_{12} = \frac{\Psi_{12}}{i_2}$$

可以证明，对于线性电感来说，$M_{12} = M_{21}$ （本书不作证明），今后讨论时无须区分 M_{12} 和 M_{21}，两线圈间的互感系数用 M 表示，即

$$M = M_{12} = M_{21}$$

互感 M 的单位是亨（H）。

需要说明的是，两线圈间的互感系数 M 是线圈的固有参数，它不仅与两线圈的匝数、形状及尺寸有关，还和线圈间的相对位置及磁介质有关。当用铁磁材料作为介质时，M 将不是常数。本章只讨论 M 为常数的情况。

三、耦合系数

两个耦合线圈的电流所产生的磁通，一般情况下，只有部分相交链。两耦合线圈相交链的磁通越多，说明两个线圈耦合越紧密。工程上用耦合系数 k 来定量的描述两个磁耦合线圈的耦合程度。

定义为

$$k = \frac{M}{\sqrt{L_1 L_2}}$$

因为

$$L_1 = \frac{\Psi_{11}}{i_1} = \frac{N_1 \Phi_{11}}{i_1}$$

$$L_2 = \frac{\Psi_{22}}{i_2} = \frac{N_2 \Phi_{22}}{i_2}$$

又因为 $M = M_{12} = M_{21}$，即

$$M = M_{12} = \frac{\Psi_{12}}{i_2} = \frac{N_1 \Phi_{12}}{i_2}$$

$$M = M_{21} = \frac{\Psi_{11}}{i_1} = \frac{N_2 \Phi_{21}}{i_1}$$

所以

$$k = \sqrt{\frac{M_{12}M_{21}}{L_1 L_2}} = \sqrt{\frac{\Psi_{12}\Psi_{21}}{\Psi_{11}\Psi_{22}}} = \sqrt{\frac{\Phi_{12}\Phi_{21}}{\Phi_{11}\Phi_{22}}}$$

而 Φ_{21} 只是 Φ_{11} 的一部分，$\Phi_{21} \leq \Phi_{11}$；Φ_{12} 也只是 Φ_{22} 的一部分，$\Phi_{12} \leq \Phi_{22}$，所以有 $0 \leq k \leq 1$。k 值越大，说明两个线圈之间耦合越紧，当 $k = 1$ 时，称为全耦合；当 $k = 0$ 时，说明两线圈没有耦合。

耦合系数 k 的大小与两线圈的结构、相互位置以及周围磁介质有关。如图 6 – 2(a) 所示网线圈轴线平行且越靠近时，k 值就越大，接近于 1，相反，如图 6 – 2(b) 所示，两线圈相互垂直，其 k 值可能近似于零。由此可见，改变或调整两线圈的相互位置，可以改变耦合系数 k 的大小。

在电子电路和电力系统中，为了更有效地传输信号或功率，总是尽可能紧密地耦合，使 k 尽可能接近 1。一般采用铁磁性材料制成的铁芯可达到这一目的。在通讯方面，为避免线圈之间的相互干扰，这方面除了采用屏蔽手段外，一个有效的方法就是合理布置这些线圈的相互位置，这样可以大大地减小它们的耦合作用。

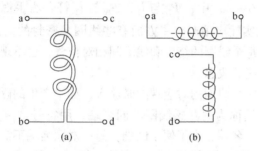

图 6 – 2 耦合线圈的结构及相互位置

第二节 互感电压和同名端

一、互感电压

通过线圈的电流变化，在自身线圈中感应的电压称为自感电压

$$u_{11} = \pm\frac{\mathrm{d}\Psi_{11}}{\mathrm{d}t} = \pm L_1 \frac{\mathrm{d}i_1}{\mathrm{d}t}$$

$$u_{22} = \pm\frac{\mathrm{d}\Psi_{22}}{\mathrm{d}t} = \pm L_2 \frac{\mathrm{d}i_2}{\mathrm{d}t}$$

当电压与电流取关联参考方向时，取 "+" 号，当电压与电流取非关联参考方向时，取 "–" 号。

互感电压与互感磁链的关系也遵循电磁感应定律。与讨论自感现象相似，因线圈 1 中电流 i_1 的变化在线圈 2 中产生的互感电压为

$$u_{21} = \pm\frac{\mathrm{d}\Psi_{21}}{\mathrm{d}t} = \pm M \frac{\mathrm{d}i_1}{\mathrm{d}t} \tag{6 – 1}$$

同理，因线圈 2 中电流 i_2 的变化在线圈 1 中产生的互感电压为

$$u_{12} = \pm \frac{\mathrm{d}\mathit{\Psi}_{12}}{\mathrm{d}t} = \pm M \frac{\mathrm{d}i_2}{\mathrm{d}t} \qquad (6-2)$$

当互感磁链或互感磁通与产生其他电流两者的参考方向符合右手螺旋关系，即 $\mathit{\Psi}_{21}$ 与 i_1、$\mathit{\Psi}_{12}$ 与 i_2 符合右手螺旋关系时取"＋"号，否则取"－"号。

在正弦交流电路中，互感电压也常用相量表示，即

$$\dot{U}_{21} = \pm \mathrm{j}\omega M \dot{I}_1 = \pm \mathrm{j}X_{\mathrm{M}} \dot{I}_1$$

$$\dot{U}_{12} = \pm \mathrm{j}\omega M \dot{I}_2 = \pm \mathrm{j}X_{\mathrm{M}} \dot{I}_2$$

式中正负号的选取与式（6-1）和式（6-2）相同。$X_{\mathrm{M}} = \omega M$ 称为互感抗，单位为欧姆（Ω）。

二、同名端

式（6-1）和式（6-2）中，$\mathit{\Psi}_{21}$ 与 i_1、$\mathit{\Psi}_{12}$ 与 i_2 符合右手螺旋关系时取"＋"号，否则取"－"号。但在实际应用时，一方面有些线圈是密封的，无法判断其绕向；另一方面，在电路图中画出每个线圈的绕向和线圈间相对位置，也不现实。因此，为了分析问题的方便，引入了同名端的概念。

当两个电流分别从两个线圈的对应端同时流入，如果产生的磁通方向一致，即磁场相互加强，则这两个对应端称为两互感线圈的同名端，用符号"＊"、"△"或"·"标记。当然另两个端也是同名端，为了便于区别，另一对同名端不需标注。

如图 6-3(a) 中的两个线圈，i_1、i_2 分别从端钮 a、c 流入，此时从这两个端钮通入电流所产生的磁场相互增强（磁场方向根据电流方向及线圈绕向用右手螺旋定则判断），则线圈 1 的端钮 a 和线圈 2 的端钮 c 为同名端，b、c 端钮则称异名端。同理，图 6-3(b) 两个线圈的 a、d 和 b、c 是同名端。

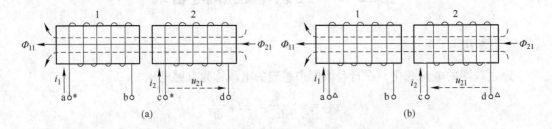

图 6-3　两种不同绕法线圈的同名端

同名端的标定实际上是反映互感线圈的绕向及相对位置的。因此，在电路图中为了方便，在标定了同名端后，线圈的具体绕向和相对位置就不再有必要画出了。

在电路理论中，把有互感的一对电感元件称为耦合电感元件，简称耦合电感。图 6-4 所示为耦合电感的电路模型，其中两线圈的互感为 M，自感分别为 L_1、L_2。图中"·"号表示它们的同名端。

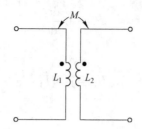

图 6 - 4　有耦合电感的电路模型

三、同名端原则

互感电压和自感电压一样也是感应电压，是由于线圈电流的变化引起磁通的变化而感应出的电压。有了同名端，就可以根据电磁感应理论来确定互感电压的参考方向。

当两个线圈的同名端确定后，如图 6 - 5 所示，在选择一个线圈的互感电压参考方向与引起该电压的另一线圈电流的参考方向遵循同名端一致的原则下（即 i_1 从第一个线圈的"·"端流入，则由 i_1 在另一个线圈中产生的互感电压的参考方向也是由"·"端指向不带点的一端），互感电压的表达式为：

$$\begin{cases} u_{12} = M\dfrac{\mathrm{d}i_2}{\mathrm{d}t} \\[2mm] u_{21} = M\dfrac{\mathrm{d}i_1}{\mathrm{d}t} \end{cases}$$

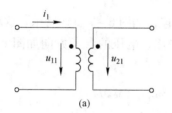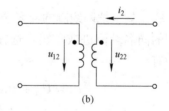

图 6 - 5　互感线圈中电流、电压参考方向

在正弦交流电路中，互感电压与引起它的电流为同频率的正弦量，当其相量的参考方向满足上述原则时，有

$$\begin{cases} \dot{U}_{21} = \mathrm{j}\omega M\dot{I}_1 = \mathrm{j}X_{\mathrm{M}}\,\dot{I}_1 \\[2mm] \dot{U}_{12} = \mathrm{j}\omega M\dot{I}_2 = \mathrm{j}X_{\mathrm{M}}\,\dot{I}_2 \end{cases}$$

可见，在上述参考方向原则下，互感电压比引起它的正弦电流超前 $\pi/2$。

例 6 - 1　图 6 - 6 所示电路中，$M = 0.025\mathrm{H}$，$i_1 = \sqrt{2}\sin 1200t$ A，试求互感电压 u_{21}。

解：选择互感电压 u_{21} 与电流 i_1 的参考方向对同名端一致，如图 6 - 6 所示，则

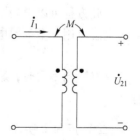

图 6 - 6　例 6 - 1 电路图

$$u_{21} = M \frac{\mathrm{d}i_1}{\mathrm{d}t}$$

其相量形式为

$$\dot{U}_{21} = \mathrm{j}\omega M \dot{I}_1$$

而　$\dot{I}_1 = 1 \angle 0° \mathrm{A}$。

故

$$\dot{U}_{21} = \mathrm{j}\omega M \dot{I}_1 = \mathrm{j}1200 \times 0.025 \times 1 \angle 0° = 30 \angle 90° \mathrm{V}$$

第三节　互感电路的计算

当两个线圈之间具有耦合关系时，每个线圈中的磁链都由两部分组成：一部分是自感磁链，另一部分是互感磁链。当电流变化时，自感磁链产生自感电压，互感磁链产生互感电压。计算时要注意不要把互感电压遗漏掉。

在计算具有互感的正弦交流电路时，相量法、基尔霍夫定律仍然适用，但在列写电路的电压方程时，应注意不要把互感电压遗漏掉。

一、互感线圈的串联

（一）顺向串联

所谓顺向串联，就是把两线圈的异名端相连，如图 6 - 7(a) 所示。这种连接方式中，电流将从两线圈的同名端流进或流出。选择电流、电压的参考方向如图 6 - 7(a) 所示，则在正弦电路中有

$$\dot{U}_1 = \dot{U}_{11} + \dot{U}_{12} = \mathrm{j}\omega L_1 \dot{I} + \mathrm{j}\omega M \dot{I}$$

$$\dot{U}_2 = \dot{U}_{22} + \dot{U}_{21} = \mathrm{j}\omega L_2 \dot{I} + \mathrm{j}\omega M \dot{I}$$

串联后线圈的总电压为

$$\dot{U} = \dot{U}_1 + \dot{U}_2 = \mathrm{j}\omega(L_1 + L_2 + 2M)\dot{I} = \mathrm{j}\omega L \dot{I}$$

其中，L 为顺向串联的等效电感

$$L = L_1 + L_2 + 2M \tag{6-3}$$

由此方程可以得到图 6 - 7(a) 的无互感的等效电路如图 6 - 7(c) 所示，所以顺接时耦合电感可用一个等效电感 L 替代。耦合电感顺向串联的等效阻抗

$$Z = \mathrm{j}\omega(L_1 + L_2 + 2M)$$

显然顺向串联时，耦合电感的等效阻抗比无互感时的阻抗大，这是由于互感的增强作用。

（二）反向串联

反向串联是两个线圈的同名端相连，如图 6 - 7(b) 所示。电流从两个线圈的异名端

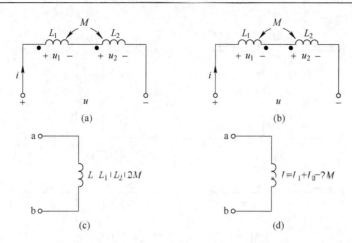

图 6 – 7 互感线圈的顺向串联和反向串联

流入，电流、电压参考方向如图 6 – 7(b) 所示，则在正弦交流电路中有

$$\dot{U}_1 = \dot{U}_{11} - \dot{U}_{12} = j\omega L_1 \dot{I} - j\omega M \dot{I}$$

$$\dot{U}_2 = \dot{U}_{22} - \dot{U}_{21} = j\omega L_2 \dot{I} - j\omega M \dot{I}$$

其总电压为

$$\dot{U} = \dot{U}_1 + \dot{U}_2 = j\omega(L_1 + L_2 - 2M)\dot{I} = j\omega L \dot{I}$$

其中，L 为线圈反向串联的等效电感：

$$L = L_1 + L_2 - 2M \qquad\qquad (6-4)$$

由此方程可以得到图 6 – 7(b) 的无互感的等效电路如图 6 – 7(d) 所示，所以反接时耦合电感可用一个等效电感 L 替代。耦合电感顺向串联的等效阻抗

$$Z = j\omega(L_1 + L_2 - 2M)$$

显然反向串联时，耦合电感的等效阻抗比无互感时的阻抗小，这是由于互感的相互削弱作用。

由式（6 – 3）和式（6 – 4）可以看出，两线圈顺向串联时的等效电感大于两线圈的自感之和，而两线圈反向串联时的等效电感小于两线圈的自感之和。从物理本质上说明顺向串联时，电流从同名端流入，两磁通相互增强，总磁链增加，等效电感增大；而反向串联时情况则相反，总磁链减小，等效电感减小。

例 6 – 2　电路如图 6 – 8 所示，（a）、（b）、（c）、（d） 四个互感线圈，已知同名端和各线圈上电压电流参考方向，试写出每一互感线圈上的电压电流关系。

解：

（a）　$u_1 = L_1 \dfrac{di_1}{dt} + M \dfrac{di_2}{dt} \qquad u_2 = M \dfrac{di_1}{dt} + L_2 \dfrac{di_2}{dt}$

（b）　$u_1 = L_1 \dfrac{di_1}{dt} - M \dfrac{di_2}{dt} \qquad u_2 = -M \dfrac{di_1}{dt} + L_2 \dfrac{di_2}{dt}$

（c）　$u_1 = L_1 \dfrac{di_1}{dt} + M \dfrac{di_2}{dt} \qquad u_2 = -M \dfrac{di_1}{dt} - L_2 \dfrac{di_2}{dt}$

（d）　$u_1 = -L_1 \dfrac{di_1}{dt} - M \dfrac{di_2}{dt} \qquad u_2 = -M \dfrac{di_1}{dt} - L_2 \dfrac{di_2}{dt}$

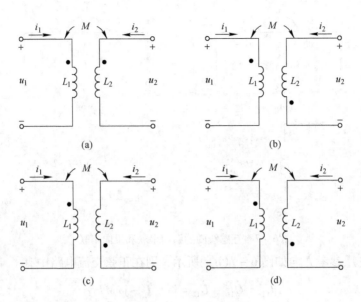

图 6 – 8　例 6 – 2 电路图

例 6 – 3　电路如图 6 – 9 所示，已知 $L_1 = 1\text{H}$、$L_2 = 2\text{H}$、$M = 0.5\text{H}$、$R_1 = R_2 = 1\text{k}\Omega$，正弦电压 $u_S = 100\sin200\pi t$ V，试求电流 i 及耦合系数 k。

解： 电压 u_S 的相量为

$$\dot{U}_S = 100 \angle 0° \text{ V}$$

因两线圈为反向串联，所以

$$
\begin{aligned}
Z &= R_1 + R_2 + j\omega(L_1 + L_2 - 2M) \\
&= 2000 + j200\pi(3 - 1) \\
&= 2000 + j400\pi \\
&= 2360 \angle 32.1° \text{ } \Omega
\end{aligned}
$$

$$\dot{I} = \frac{\dot{U}_S}{Z} = 42.3 \angle -32.1° \text{ A}$$

$$i = 42.3\sin(200\pi t - 32.1°) \text{ A}$$

$$K = \frac{M}{\sqrt{L_1 L_2}} = \frac{0.5}{\sqrt{2 \times 1}} = \frac{0.5}{1.41} = 0.354 = 35.4\%$$

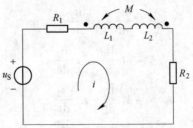

图 6 – 9　例 6 – 3 电路图

二、互感线圈的并联

互感线圈的并联也有两种连接方式，一种是两个线圈的同名端相连，称同侧并联，如图 6-10(a) 所示；另一种为两个线圈的异名端相连，称异侧并联，如图 6-10(b) 所示。在图 6-10 所示电压、电流的参考方向下，可列出如下电路方程：

$$\begin{cases} \dot{I} = \dot{I}_1 + \dot{I}_2 \\ \dot{U} = j\omega L_1 \dot{I}_1 \pm j\omega M \dot{I}_2 \\ \dot{U} = j\omega L_2 \dot{I}_2 \pm j\omega M \dot{I}_1 \end{cases} \qquad (6-5)$$

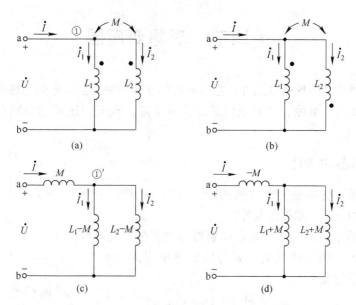

图 6-10 互感线圈的并联及去耦等效电路

式（6-5）中互感电压前的正号对应于同侧并联，负号对应于异侧并联。由式（6-5）可得并联电路的等效复阻抗 Z 为

$$Z = \frac{\dot{U}}{\dot{I}} = \frac{j\omega(L_1 L_2 - M^2)}{L_1 + L_2 \mp 2M} = j\omega L \qquad (6-6)$$

L 为两个线圈并联后的等效电感，即

$$L = \frac{L_1 L_2 - M^2}{L_1 + L_2 \mp 2M} \qquad (6-7)$$

式（6-6）和式（6-7）的分母中，负号对应于同侧并联，正号对应于异侧并联，等效电感与电流的参考方向无关。

有时为了便于分析电路，将式（6-5）进行变量代换、整理，可得如下方程：

$$\begin{cases} \dot{U} = j\omega L_1 \dot{I}_1 \pm j\omega M(\dot{I} + \dot{I}_1) = j\omega(L_1 \mp M)\dot{I}_1 \pm j\omega M \dot{I} \\ \dot{U} = j\omega L_2 \dot{I}_2 \pm j\omega M(\dot{I} + \dot{I}_2) = j\omega(L_2 \mp M)\dot{I}_2 \pm j\omega M \dot{I} \end{cases} \qquad (6-8)$$

式（6-8）中方程与图6-10所示电路是一致的，因此，用图6-10(c)、(d) 所示无互感的电路可等效替代图6-10(a)、(b) 所示的互感电路。图6-10(c)、(d) 称为图6-10(a)、(b) 的去耦等效电路，即消去互感后的等效电路。用去耦等效电路来分析求解互感电路的方法称为互感消去法。

在式（6-8）中，等式中第一个分量中 M 前面的负号对应于同侧并联，正号对应于异侧并联。第二个分量前面的正号对应于互感线圈的同侧并联，负号对应于互感线圈的异侧并联。同时应当注意，去耦等效电路仅仅对外电路等效。一般情况下，消去互感后，节点将增加。去耦等效电路中的节点，如图6-10(c) 中的①′，不是图6-10(a) 原电路的节点①，原节点移至 M 的前面 a 点。

第四节　理想变压器

理想变压器也是一种耦合元件，它是从实际变压器中抽象出来的理想化模型，主要是为了方便分析变压器电路，尤其是铁芯变压器电路。理想变压器的电路符号如图6-11所示。

一、理想变压器的条件

理想变压器可看成是耦合电感的极限情况，也就是变压器要同时满足如下三个理想化条件：

（1）变压器本身无损耗，这意味着绕制线圈的金属导线无电阻，或者说，绕制线圈的金属导线的导电率为无穷大，其铁芯的磁导率为无穷大。

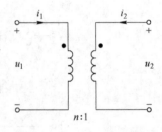

图6-11　理想变压器

（2）耦合系数 $k = 1$，$k = \dfrac{M}{\sqrt{L_1 L_2}} = 1$ 即全耦合。

（3）L_1、L_2 和 M 均为无限大，但保持 $\sqrt{\dfrac{L_1}{L_2}} = n$ 不变，n 为匝数比。

理想变压器由于满足三个理想化条件与互感线圈在性质上有着质的不同，下面重点讨论理想变压器的主要性能。

二、电压关系

满足上述三个理想条件的耦合线圈，由于 $k = 1$，所以一次侧产生的磁通 $\varPhi$，同时全部穿过了二次绕组。两个绕组由于同一个磁通的变化都感应出电压，分别为 u_1 和 u_2，即：

$$u_1 = N_1 \frac{\mathrm{d}\varPhi}{\mathrm{d}t}$$

$$u_2 = N_2 \frac{\mathrm{d}\varPhi}{\mathrm{d}t}$$

由此可得理想变压器的电压关系

$$\frac{U_1}{U_2} = \frac{N_1}{N_2} = n \tag{6-9}$$

式（6 – 9）中 N_1 与 N_2 分别是初级线圈和次级线圈的匝数，n 称为匝数比或变比。

可见，变压器的初级线圈和次级线圈的电压与两个线圈的匝数成正比。

三、电流关系

由于理性变压器没有功率损耗，即输入的电功率与输出的电功率相等，可得理想变压器不仅可以进行变压，而且也具有变流的特性。

$$U_1 I_1 = U_2 I_2$$

则

$$\frac{U_1}{U_2} = \frac{I_2}{I_1} = \frac{N_1}{N_2}$$

可见，流过变压器初级线圈和次级线圈的电流与两个线圈的匝数成反比。

四、阻抗变换性质

上述分析可知，理想变压器可以起到改变电压及改变电流大小的作用。实际上，它还具有改变阻抗大小的作用。图 6 – 12(a) 电路在正弦稳态下，理想变压器次级所接的负载阻抗为 Z_L，则从初级看进去的输入阻抗

$$Z_1 = \frac{\dot{U}_1}{\dot{I}_1} = \frac{n\dot{U}_2}{\frac{1}{n}\dot{I}_2} = n^2\left(\frac{\dot{U}_2}{\dot{I}_2}\right) = n^2 Z_L \qquad (6 – 10)$$

式（6 – 10）表明，当次级接阻抗 Z_L 时，对初级来说，相当于接一个 $n^2 Z_L$ 的阻抗，如图 6 – 12(b) 所示，可见理想变压器具有变换阻抗的作用。

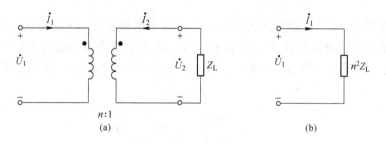

图 6 – 12　理想变压器变换阻抗的作用

利用阻抗变换性质，可以简化理想变压器电路的分析计算。也可以利用改变匝数比的方法来改变输入阻抗，实现最大功率匹配。收音机的输出变压器就是为此目的而设计的。

在实际工程中，永远不可能满足理想变压器的三个理想条件，实际使用的变压器都不是理想变压器。为了使实际变压器的性能接近理想变压器，一方面尽量采用具有高磁导率的铁磁性材料做芯子；另一方面尽量紧密耦合，使 k 接近于 1，并在保持变比不变的前提下，尽量增加初、次级线圈的匝数。在实际工程计算中，在误差允许的情况下，把实际变压器看作理想变压器，可简化计算过程。

例 6 – 4　电路如图 6 – 13(a) 所示。如果要使 100Ω 电阻能获得最大功率，试确定理想变压器的变比 n。

解： 已知负载 $R = 100\Omega$，故次级对初级的折合阻抗

$$Z_L = n^2 \times 100\Omega$$

电路可等效为图 6－13(b) 所示。

由最大功率传输条件，当 $n^2 \times 100\Omega$ 等于电压源的串联电阻（或电源内阻）时，负载可获得最大功率。

$$n^2 \times 100\Omega = 900\Omega$$

变比 n 为：

$$n = 3$$

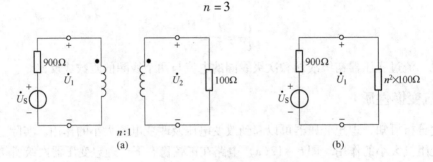

图 6－13　例 6－4 电路图

第五节　知识拓展与技能训练

一、对两个绕向已知的绕组

如果已知磁耦合线圈的绕向及相对位置，同名端便很容易利用其概念进行判定。

当电流从两个同极性端流入（或流出）时，铁芯中所产生的磁通方向是一致的。如图 6－14 所示，1 端和 4 端为同名端，电流从这两个端点流入时，它们在铁芯中产生的磁通方向相同。

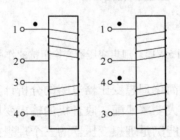

图 6－14　同名端的判定

二、对两个绕向未知的绕组

对于无法从外部观察其绕组的情况，无法直接辨认其同名端，此时可用实验的方法进行测定，测定的方法有交流法和直流法两种。

（1）交流法。如图6－15所示，将初级、次级线圈各取一个接线端连接在一起，如图中的2和4，并在一个线圈上（图中为N_1线圈）加一个较低的交流电压U_{12}，再用交流电压表分别测量U_{12}、U_{13}、U_{34}各值，如果测量结果为：$U_{13} = U_{12} - U_{34}$，则说明N_1、N_2组为反极性串联，故1和3为同名端。如果$U_{13} = U_{12} + U_{34}$，则1和4为同名端。

（2）直流法。用1.5V或3V的直流电源，按图6－16所示连接，直流电源接在高压线圈上，而直流毫伏表接在低压线圈两端。当开关S合上的一瞬间，如毫伏表指针向正方向摆动，则接直流电源正极的端子与接直流毫伏表正极的端子为同名端。

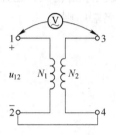

图6－15　交流法测定同名端

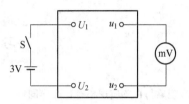

图6－16　直流法测定同名端

本 章 小 结

（1）互感系数：

$$M = \frac{\Psi_{21}}{i_1} = \frac{\Psi_{12}}{i_2}$$

（2）同名端。电流分别从同名端流入，磁耦合线圈中的自感磁通和互感磁通相助。用同名端来表示线圈的绕向。

（3）互感电压。选择互感电压和产生它的电流的参考方向对同名端一致时，有

$$u_{12} = M \frac{\mathrm{d}i_2}{\mathrm{d}t}, u_{21} = M \frac{\mathrm{d}i_1}{\mathrm{d}t}$$

对于正弦交流电路，有

$$\dot{U}_{12} = \mathrm{j}\omega M \dot{I}_2, \dot{U}_{21} = \mathrm{j}\omega M \dot{I}_1$$

（4）线圈的串、并联：

1）两互感线圈顺向串联时，其等效电感为$L = L_1 + L_2 + 2M$；反向串联时，等效电感为$L = L_1 + L_2 - 2M$。

2）两线圈并联时，若同名端相连，则

$$L = \frac{L_1 L_2 - M^2}{L_1 + L_2 - 2M}$$

若异名端相连，则

$$L = \frac{L_1 L_2 - M^2}{L_1 + L_2 + 2M}$$

（5）理想变压器：

1）理想化条件：变压器本身无损耗、全耦合、$\sqrt{\dfrac{L_1}{L_2}} = n$不变，$n$为匝数比。

2）特点：

电压关系：
$$\frac{U_1}{U_2}=\frac{N_1}{N_2}=n$$

电流关系：
$$\frac{U_1}{U_2}=\frac{I_2}{I_1}=\frac{N_1}{N_2}$$

阻抗关系：
$$Z_1=n^2 Z_L$$

（6）互感电路。有关互感电路的计算与一般的正弦交流电路相同，运用的电路定律也一样，但应计及各互感电压并确定其正负（正负遵循同名端原则）。

习　题

1. 互感应现象与自感应现象有什么异同？
2. 互感系数与线圈的哪些因素有关？
3. 已知两耦合线圈的 $L_1=0.04H$，$L_2=0.06H$，$k=0.4$，试求其互感。
4. 试判定图 6-17（a）、（b）中各对磁耦合线圈的同名端。

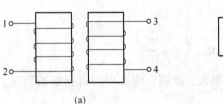
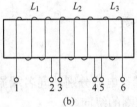

图 6-17　习题 4 图

5. 请在图 6-18 中标出自感电压和互感电压的参考方向，并写出 u_1 和 u_2 的表达式。

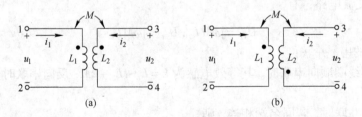

图 6-18　习题 5 图

6. 图 6-19 中给出了有互感的两个线圈的两种连接方式，现测出等效电感 $L_{AC}=16mH$，$L_{AD}=24mH$，试标出线圈的同名端，并求出 M。

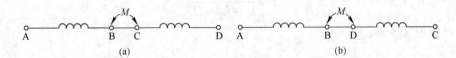

图 6-19　习题 6 图

7. 在图 6－20 所示电路中，已知 $L_1 = 0.01\text{H}$，$L_2 = 0.02\text{H}$，$M = 0.01\text{H}$，$C = 20\mu\text{F}$，$R_1 = 5\Omega$，$R_2 = 10\Omega$，试分别确定当两个线圈顺向串联和反向串联时电路的谐振角频率 ω_0。

8. 画出图 6－21 所示电路的去耦等效电路，并求出电路的输入阻抗。

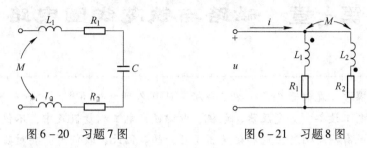

图 6－20　习题 7 图　　　　　　　图 6－21　习题 8 图

9. 在图 6－22 所示电路中，已知 $i = \sqrt{3}\sin(1000t + 30°)$ A，$L_1 = L_2 = 0.02\text{H}$，$M = 0.01\text{H}$。

（1）试求 $\dot{U}_{AB}$。

（2）画出电压、电流相量图。

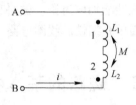

图 6－22　习题 9 图

10. 在图 6－23 所示电路中，U_S 为直流电压源。a、b、c、d 是耦合电感的四个端子，c 端接电压表的正极，当开关 S 打开瞬间，电压表正偏转，试判断同名端。

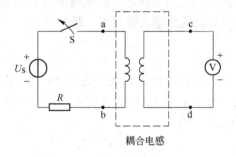

耦合电感

图 6－23　习题 10 图

第七章　磁路与铁芯线圈电路

内容提要：在前面几章介绍了分析、计算各种电路的基本定律和基本方法。但在很多电工设备，如变压器、电机、电磁铁、电工测量仪表中，不仅有电路问题，而且还有磁路问题，电和磁是密不可分的。因此，我们有必要对磁路的概念和规律加以研究。

磁感线（磁通）所经过的路径叫磁路。磁路问题是局限于一定路径内的磁场问题，因此首先介绍磁场的基本概念和基本定律；磁路主要是由具有良好的导磁性能的铁磁材料构成的，因此必须对这种材料的磁性能加以讨论；磁路和电路也是密切相关联的，因此我们也要研究磁和电的关系；最后简单介绍铁芯线圈电路。

第一节　磁路的基本物理量

一、磁感应强度

磁感应强度是表征磁场中某点的磁场强弱和方向的物理量，它是一个矢量，用 B 表示。磁场中垂直于磁场方向的通电直导线，所受的磁场力 F 与电流 I 和导线长度 l 的乘积 Il 的比值叫做通电直导线所在处的磁感应强度 B。即

$$B = \frac{F}{Il} \tag{7-1}$$

磁感应强度是一个矢量，它的方向即为该点的磁场方向。在国际单位制中，磁感应强度的单位是：特斯拉，简称特（T）。在工程计算中，由于特斯拉这一单位太大，也常采用高斯（Gs）作为磁感应强度的单位。

$$1\text{Gs} = 10^{-4}\text{T}$$

用磁感线可形象地描述磁感应强度 B 的大小，B 较大的地方，磁场较强，磁感线较密；B 较小的地方，磁场较弱，磁感线较稀；磁感线的切线方向即为该点磁感应强度 B 的方向。

如果磁场内各点的磁感应强度大小相等、方向相反，就称为均匀磁场。

二、磁通量

磁场的情况可以用磁感线来描述，为了描述磁场中某一面积上的磁场情况，便引入了"磁通"这个物理量。在磁感应强度为 B 的匀强磁场中取一个与磁场方向垂直，面积为 S 的平面，则 B 与 S 的乘积，叫做穿过这个平面的磁通量 Φ，简称磁通。即

$$\Phi = BS$$

磁通的国际单位是韦伯，简称韦（Wb）。在工程计算中，由于韦这一单位太大，也常采用麦克斯韦，简称麦（Mx）作为磁通的单位，两者的关系是

$$1\text{Wb} = 10^8\text{Mx}$$

由磁通的定义式，可得

$$B = \frac{\Phi}{S}$$

即磁感应强度 B 可看作是通过单位面积的磁通，因此磁感应强度 B 也常叫做磁通密度，并用 Wb/m^2 作单位。

用磁感线来描述磁场时，穿过单位面积的磁感线数目就是磁感应强度 B，穿过某一面积 S 的磁感线总数就是磁通 Φ。磁感线都是没有起止的闭合曲线，穿过任一封闭曲面的磁感线总数必定等于穿出该曲面的磁感线总数，即磁场中任何封闭曲面的磁通恒等于零，磁场的这一特性叫做磁通的连续性原理。

三、磁导率

实验表明通电线圈产生的磁场强弱程度除了与电流大小、线圈匝数等因素有关外，还与线圈中的介质（即线圈内所放入的物质）有关。如线圈内放入铜、铝、木材或空气等物质时，则线圈产生的磁场基本不变，如放入铁、镍、钴等物质时，线圈中的磁场在外磁场的作用下显著增强，这说明不同介质的导磁性能不同，我们把反映物质导磁性能强弱的这个参数称为磁导率，用 μ 来表示。不同的物质，磁导率不同。

在国际单位制中，磁导率单位为亨/米（H/m）。

真空中的磁导率是一个常数，用 μ_0 表示，即

$$\mu_0 = 4\pi \times 10^{-7}\text{H/m}$$

为了便于比较不同介质的导磁能力，将任一介质的磁导率与真空的磁导率进行比较，其比值称为该介质的相对磁导率，用 μ_r 表示，即

$$\mu_r = \frac{\mu}{\mu_0} \qquad\qquad (7-2)$$

相对磁导率 μ_r 无量纲，不同材料的相对磁导率 μ_r 相差很大，如表 7-1 所示。根据物质导磁性能，把物质分为两类：第一类为"非铁磁物质"，如空气、铝、铜等，$\mu_r \approx 1$，导磁性能差。第二类物质为"铁磁物质"，如铁、硅钢片等，$\mu_r \gg 1$，在同样大小的电流情况下，铁磁材料中的磁感应强度，要比空气中大得多。因而在电工技术中，如电机、变压器、电磁铁的铁芯都采用铁磁材料。

表 7-1　不同材料的相对磁导率

材 料 名 称	μ_r
空气、铜、铝、橡胶、塑料等	1
铸 铁	200 ~ 400
铸 钢	500 ~ 2200
硅钢片	6000 ~ 7000
铁氧磁体	几千

四、磁场强度

磁场中某点磁感应强度不仅与产生它的电流大小、导线的几何形状及位置有关，而且还与介质的导磁性能有关，这就使磁场的计算变得比较复杂了。为了简化计算，便引入磁场强度 H，一个与周围介质无关的物理量。在磁场中，各点磁场强度的大小只与电流的大小和导体的形状有关，而与介质的性质无关。在数值上

$$H = \frac{B}{\mu} \tag{7-3}$$

磁场强度 H 是个矢量，方向与 B 相同。

在国际单位制中，磁场强度 H 的单位为安/米（A/m）。

第二节　铁磁性物质

一、铁磁性物质的磁化

实验表明：将铁磁性物质（如铁、镍、钴等）置于某磁场中，会大大加强原磁场。这是由于铁磁性物质会在外加磁场的作用下，产生一个与外磁场同方向的附加磁场，正是由于这个附加磁场使总磁场加强。这种现象叫做磁化。

铁磁性物质具有这种性质，是由其内部结构决定的。铁磁性物质内部是由许多叫做磁畴的天然磁化区域所组成的。每个磁畴犹如一个小磁铁一样，在没有外磁场作用时，这些磁畴的排列是杂乱无章的，因此它们的磁场相互抵消，对外不显磁性，如图7-1(a)所示。

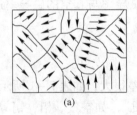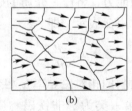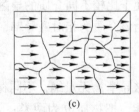

图 7-1　铁磁性物质的磁化

如果把铁磁性物质放入外磁场中，这时大多数磁畴都趋向于沿外磁场方向规则地排列，因而在铁磁性物质内部形成了很强的与外磁场同方向的"附加磁场"，合成后的磁场大大增强了，如图7-1(b)所示。当外加磁场进一步加强，大多数磁畴的方向与外加磁场方向基本相同时，这时附加磁场不再加强，这种现象叫磁饱和，如图7-1(c)所示。

磁性物质的这一磁性能被广泛地应用于电工设备中，例如电机、变压器及各种铁磁元件的线圈中都放有铁芯。在这种具有铁芯的线圈中通入不大的励磁电流，便可产生足够大的磁通和磁感应强度。这就解决了既要磁通大，又要励磁电流小的矛盾。利用优质的磁性材料可使同一容量的电机的重量和体积大大减轻和减小。

非磁性材料没有磁畴的结构，所以不具有磁化的特性。

二、磁化曲线

不同种类的铁磁性物质，其磁化性能是不同的。工程上常用磁化曲线表示各种铁磁性物质的磁化特性。磁化曲线是铁磁性物质的磁感应强度 B 与外磁场的磁场强度 H 之间的关系曲线，所以又叫 $B-H$ 曲线，它反映了铁磁材料内部的磁场和外加磁场之间的关系。这种曲线一般由实验得到，其实验电路如图 7-2 所示。

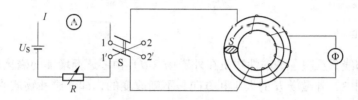

图 7-2　$B-H$ 曲线测量电路

图中，U_S 为直流电源；R 为可变电阻，用来调节回路电流 I 的大小；双刀双掷开关 S 用来改变流过线圈的电流方向；右边的圆环是由被测铁磁性物质制成的，其截面积为 S，平均长度为 L；线圈绕在圆环上，匝数为 N；磁通计 Φ 用来测量磁路中磁通的大小。

由于 $B=\Phi/S$，$H=IN/L$，依次改变 I 值，测量 Φ 值，可分别计算出 B 和 H，绘出曲线，如图 7-3 所示。

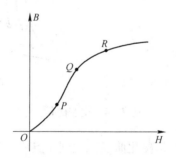

图 7-3　起始磁化曲线

（一）起始磁化曲线

图 7-3 所示的 $B-H$ 曲线是在铁芯原来没有被磁化，即 B 和 H 均从零开始增加时所测得的。这种情况下作出的 $B-H$ 曲线叫起始磁化曲线。起始磁化曲线大体上可以分为四段，即 OP、PQ、QR 和 R 点以后。下面分别加以说明：

（1）OP 段：此段斜率较小，当 H 增加时，B 增加缓慢，这反映了磁畴有"惯性"，当外磁场较小时，不能使磁畴转向为有序排列。

（2）PQ 段：此段可以近似看成是斜率较大的一段直线。在这段中，随着 H 增大，B 增大较快。这是由于原来不规则的磁畴在 H 的作用下，迅速沿着外磁场方向排列的结果。

（3）QR 段：此段的斜率明显减小，即随着 H 的加大，B 增大缓慢。这是由于绝大部分磁畴已转向为外磁场方向，所以 B 增大的空间不大。Q 点附近叫做 $B-H$ 曲线的膝部。

在膝部可以用较小的电流（较小的 H），获得较大的磁感应强度 B。所以电机、变压器的铁芯常设计在膝部工作，以便用小电流产生较强的磁场。

（4）R 点以后：R 点后随着 H 加大，B 几乎不增大。这是由于几乎所有磁畴都已转向为外磁场方向，即使 H 加大，附加磁场也不可能再增大。这个现象叫做铁磁性物质的磁饱和，R 点以后的区域叫饱和区。

铁磁性物质的 $B-H$ 曲线是非线性的，μ 不是常数。而非铁磁性物质的 $B-H$ 曲线为直线，μ 是常数。

（二）磁滞回线

起始磁化曲线只反映了铁磁性物质在外磁场（H）由零逐渐增加的磁化过程。

在实际应用中，外磁场 H 的大小和方向是不断改变的，即铁磁性物质受到交变磁化，实验表明交变磁化的曲线如图 7-4(a) 所示。

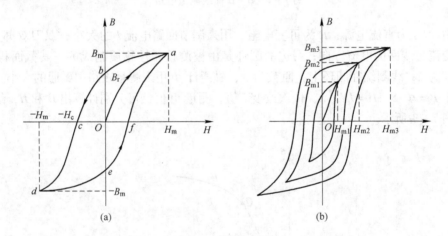

图 7-4　交变磁化

这说明，当铁磁性物质沿起始磁化曲线磁化到 a 点后，若 H 减小，B 也随之减小，但 B 不是沿原来起始磁化曲线减小，而是沿另一路径 ab 减小，特别是当即 $H=0$ 时，B 并不为零。$B=B_r$，叫剩磁，这种 B 值落后于 H 的现象叫磁滞。磁滞现象是铁磁性物质所特有的。如果要消除剩磁，需要反方向加大 H，也就是 bc 段，当 $H=-H_c$ 时，$B=0$，剩磁才被消除，此时的 $|-H_c|$ 叫做材料的矫顽力。$|-H_c|$ 的大小反映了材料保持剩磁的能力。

如果我们继续反向加大 H，使 $H=-H_m$，$B=-B_m$，再让 H 减小到零，再加大 H，使 $H=H_m$，$B=B_m$（efa 段），这样反复，便可得到对称于坐标原点的闭合曲线，如图 7-4(a) 所示，即铁磁性物质的磁滞回线 $abcdefa$。

如果我们改变磁场强度的最大值（即改变实验所取电流的最大值），重复上述实验，就可以得到另外一条磁滞回线。图 7-4(b) 给出了不同 H_m 时的磁滞回线族。这些曲线的 B_m 顶点连线称为铁磁性物质的基本磁化曲线。对于某一种铁磁性物质来说，基本磁化曲线是完全确定的，它与起始磁化曲线差别很小，基本磁化曲线所表示的磁感应强度 B 和磁场强度 H 的关系具有平均的意义，因此工程上常用到它。

永久磁铁的磁性就是由剩磁产生的。又如自励直流发电机的磁极，为了使电压能够建立，也必须具有剩磁。但对剩磁也要一分为二，有时它是有害的。例如，当工件在平面磨床上加工完毕后，由于电磁吸盘有剩磁，还将工件吸住。为此，要通入反向去磁电流，去掉剩磁，才能将工件取下。再如有些工件（如轴承）在平面磨床上加工后得到的剩磁也必须去掉。

三、铁磁性物质的分类与应用

铁磁性物质根据磁滞回线的形状及其在工程上的用途，可以分成三种类型：

（1）软磁材料。软磁材料的磁滞回线如图 7 – 5(a) 所示，磁滞回线较窄，其剩磁与矫顽力都较小。比较容易磁化，撤去外磁场后磁性基本消失。一般用来制造电机、变压器等的铁芯。常用的有铸铁、硅钢片、坡莫合金及铁氧体等铁合金材料。铁氧体在电子技术中应用也很广泛，例如可做计算机的磁心、磁鼓以及录音机的磁带、磁头。

（2）永磁材料。永磁材料的磁滞回线如图 7 – 5(b) 所示，磁滞回线较宽，剩磁、矫顽力也较大，需要较强的磁场才能磁化，撤去外加磁场后仍能保留较大的剩磁。一般用来制造永久性磁铁（吸铁石）。常用的有碳钢、钨钢、铬钢、钴钢和钡铁氧体及铁镍铝钴合金等。

（3）矩磁材料。矩磁材料的磁滞回线如图 7 – 5(c) 所示，磁滞回线接近矩形，具有较小的矫顽磁力和较大的剩磁，稳定性也良好。它的特点是只需很小的外加磁场就能使之达到磁饱和，撤去外磁场时，磁感应强度（剩磁）与饱和时一样。在计算机和控制系统中可用作记忆元件、开关元件和逻辑元件。

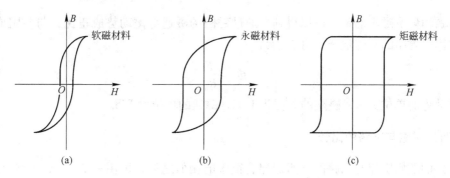

图 7 – 5　软磁、永磁、矩磁材料的磁化曲线
（a）软磁材料的磁滞回线；（b）永磁材料的磁滞回线；（c）矩磁材料的磁滞回线

第三节　磁路的基本定律

一、磁路的欧姆定律

（一）磁动势

通电线圈产生的磁通 Φ 的多少与线圈通过的电流有关，电流越大，磁通越多；线圈产生磁通的多少还与线圈的匝数有关，每匝线圈都要产生磁通，只要线圈绕向一致，每一

匝线圈的磁通方向就相同，这些磁通就可以相加，可见，线圈的匝数越多，磁通就越多。由此可知，线圈的匝数及通过线圈的电流决定了线圈中磁通的多少。

通过线圈的电流与线圈匝数的乘积称为磁动势，也叫磁通势，用 F 表示，即：

$$F = IN \qquad\qquad (7-4)$$

式中　F——磁动势，单位为安培，但是为了与电流的单位区别，也用安匝作为磁动势的单位；

　　　I——通过线圈的电流，单位为安培；

　　　N——线圈的匝数。

（二）磁阻

磁通通过磁路时所受到的阻碍作用叫磁阻。磁阻用符号 R_m 表示。

磁路中磁阻 R_m（1/H）的大小与磁路的长度 l（m）成正比，与磁路的横截面积 S（m^2）成反比，还与组成磁路的材料的磁导率 μ（H/m）有关，因此有：

$$R_m = \frac{l}{\mu S} \qquad\qquad (7-5)$$

由于磁导率 μ 不是常数，所以 R_m 也不是常数。

磁通有走阻碍作用小的路径的倾向。

（三）磁路欧姆定律

由磁动势及磁阻的定义可以得到，通过磁路的磁通与磁动势成正比，与磁阻成反比，这一规律叫磁路的欧姆定律，可表示为

$$\Phi = \frac{F}{R_m} \qquad\qquad (7-6)$$

磁动势的单位为 A，磁阻的单位为 1/H，磁通的单位为 Wb。

（四）磁路与电路的比较

磁路的欧姆定律与电路的欧姆定律有很多的相似之处，可用表 7-2 对磁路、电路的有关物理量进行类比，以利于学习与记忆。

表 7-2　电路与磁路的物理量对比

电　路	磁　路
电流：I	磁通：Φ
电阻：$R = \rho \dfrac{l}{S}$	磁阻：$R_m = \dfrac{l}{\mu S}$
电阻率：ρ	磁导率：μ
电动势：$E = W / q$	磁动势：$F = IN$
电路的欧姆定律：$I = \dfrac{E}{R}$	磁路的欧姆定律：$\Phi = \dfrac{F}{R_m}$

二、全电流定律

铁磁性物质的磁阻 R_m 是随其磁导率变化而变化的，所以 R_m 在此不是一个常数，这给我们对磁路的分析、计算带来了很多不便。但我们知道磁场强度 H 是不随磁导率 μ 变化而变化的。全电流定律是通过磁场强度 H 来描述磁路的一个定律。

为此我们把磁路中的每一支路，按各处材料和截面不同分成若干段，在每一段中因其材料和截面积是相同的，所以 B 和 H 处处相同。这样，对任一闭合回路，可得到

$$\sum (Hl) = \sum (IN) \tag{7-7}$$

对于如图 7-6 所示的 ABCDA 回路，可以得出

$$H_1 l_1 + H_1' l_1' + H_1'' l_1'' - H_2 l_2 = I_1 N_1 - I_2 N_2 \tag{7-8}$$

上式中的符号规定如下：当某段磁通的参考方向（即 H 的方向）与回路的参考方向一致时，该段的 H_1 取正号，否则取负号；励磁电流的参考方向与回路的绕行方向符合右手螺旋法则时，对应的 IN 取正号，否则取负号。

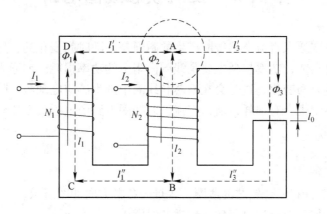

图 7-6 磁路第一定律

通过前面的学习，我们知道式 (7-8) 右边的是磁通势，它是磁路产生磁通的原因，用 F_m 表示，单位是安（匝）。等式左边的 H_1 可看成是磁路在每一段上的磁位差（磁压降），用 U_m 表示。所以磁路的基尔霍夫第二定律可以叙述为：磁路沿着闭合回路的磁位差 U_m 的代数和等于磁通势 F_m 的代数和，记作

$$\sum U_m = \sum F_m$$

由上述分析可知，磁路与电路有许多相似之处。但分析与处理磁路比电路难很多。

（1）在处理电路时一般不涉及电场问题，而在处理磁路时离不开磁场的概念。例如在讨论电机时，常常要分析电机磁路的气隙中磁感应强度的分布情况。

（2）在处理电路时一般不考虑漏电流（因为导体的电导率比周围介质的电导率大很多），但在处理磁路时一般都要考虑漏磁通（因为磁路材料的磁导率比周围介质的磁导率大得不太多）。

（3）磁路的欧姆定律与电路的欧姆定律只是在形式上相似（见上面对照表）。由于 μ 不是常数，它随着励磁电流而变，所以不能直接应用磁路的欧姆定律来计算，它只能用于定性分析。

（4）在电路中，当 $E=0$ 时，$I=0$；但在磁路中，由于有剩磁，当 $F=0$ 时，$\Phi \neq 0$。

（5）磁路几个基本物理量（磁感应强度、磁通、磁场强度、磁导率等）的单位也较复杂，学习时应注意把握。

例 7-1　一空心环形螺旋线圈，其平均长度为 30cm，横截面积为 $10cm^2$，匝数等于 10^3，线圈中的电流为 10A，求线圈的磁阻、磁动势及磁通。

解：磁阻为

$$R_m = \frac{l}{\mu_0 S} = \frac{0.3}{4\pi \times 10^{-7} \times 10 \times 10^{-4}} \approx 2.39 \times 10^{-8} H^{-1}$$

磁动势为

$$F = NI = 10^3 \times 10 = 10^4 A$$

磁通为

$$\Phi = \frac{F}{R_m} = \frac{10^4}{2.39 \times 10^8} \approx 4.3 \times 10^{-4} Wb$$

第四节　交流铁芯线圈电路

具有铁芯的线圈通入直流电。线圈产生的磁通是不随时间变化的，这样在铁芯和线圈中不会产生感应电动势，功率损耗主要是线圈内阻上的功率损耗。如通入交流电，由交变电流产生的磁通随时间变化，这时会在铁芯和线圈中产生感应电动势，除了线圈内阻上有功率损耗外，铁芯中也会有损耗，所以交流铁芯线圈电路中电磁关系比较复杂，这里主要介绍交流铁芯线圈。

一、磁通与电压关系

图 7-7 为一个具有闭合铁芯的线圈，各量的参考方向如图所示。

当在线圈两端加正弦交流电压后，在铁芯线圈中产生交变的磁通。这部分磁通分为两部分，绝大部分通过铁芯而闭合，这部分磁通称为主磁通或工作磁通 Φ。此外还有很少的一部分磁通主要经过空气或其他非导磁介质而闭合，这部分磁通称为漏磁通 Φ_σ。这两个磁通都会在线圈中产生感应电动势 e 和 e_σ。另外，线圈本身还有内阻 R，电流流过时也会有压降，这时线圈两端电压平衡方程式：

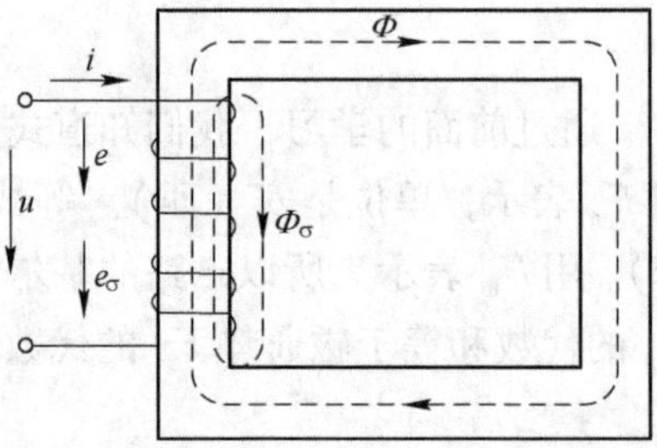

图 7-7　交流铁芯线圈电路

$$u + e + e_\sigma = Ri$$

由于铁芯的磁导率远大于空气的磁导率，所以 $e \gg e_\sigma$，线圈本身的电阻也很小，因此，Ri 也很小，在漏磁通和电阻忽略不计的情况下，外加电压就与主磁通的感应电势相平衡，即

$$u \approx -e$$

其有效值应对应相等，即

$$U \approx E$$

设主磁通 $\Phi = \Phi_m \sin\omega t$，则

$$e = -N\frac{\mathrm{d}\Phi}{\mathrm{d}t} = -N\frac{\mathrm{d}(\Phi_\mathrm{m}\sin\omega t)}{\mathrm{d}t} = -N\omega\Phi_\mathrm{m}\cos\omega t$$

$$= 2\pi f N\Phi_\mathrm{m}\sin(\omega t - 90°) = E_\mathrm{m}\sin(\omega t - 90°) \qquad (7-9)$$

上式中 $E_\mathrm{m} = 2\pi f N\Phi_\mathrm{m}$，主磁通感应电动势 e 的幅值，而其有效值则为

$$E = \frac{E_\mathrm{m}}{\sqrt{2}} = \frac{2\pi f N\Phi_\mathrm{m}}{\sqrt{2}} = 4.44 f N\Phi_\mathrm{m} \approx U \qquad (7-10)$$

从上式可以看出：如不计线圈的电阻和漏磁通，当电源的频率 f 和线圈的匝数 N 一定时，线圈磁通的最大值 Φ_m 和线圈网端的有效值 U 成正比，而与铁芯材料和尺寸无关。也就是说，在一定的正弦交流电压作用下，无论线圈的磁路如何变化，其磁通的最大值基本上不变。这是交流铁芯的特点。

二、铁芯损耗

在交流铁芯线圈中，除线圈本身电阻 R 上有功率耗损 RI^2 之外，处于交变磁通下的铁芯中也有功率损耗，称为铁芯损耗，包括磁滞损耗和涡流损耗。

（一）磁滞损耗

铁芯线圈中的铁芯在交变磁通的作用下被反复磁化，磁畴的边界和方向反复改变而造成的能量损耗称为磁滞损耗。磁滞损耗会引起铁芯发热。

磁滞损耗与外加电源的频率 f、铁芯体积及磁滞回线的面积成正比，另外，外加电压越大，磁滞损耗也越大，磁滞损耗还与铁芯材料的种类有关。

为了减小磁滞损耗，可选用磁滞回线狭窄的铁磁材料制作铁芯。

（二）涡流损耗

交变的磁通不仅能在线圈中产生感应电动势，而且也能在同样是导体的铁芯中产生感应电动势和感应电流，感应电流在铁芯中垂直于磁通方向的平面内一圈一圈回旋流动，称为涡流。由于铁芯内同样有电阻，当涡流在铁芯内流动时，就会引起有功功率损耗，称为涡流损耗。

根据公式 $E = 4.44 f N\Phi_\mathrm{m} \approx U$ 可知，交变磁通的频率越高，磁通密度越大，感应电动势愈大，涡流损耗亦越大；铁芯的电阻率越大，涡流所流过的路径越长，涡流损耗就越小。

涡流损耗消耗了电能，使铁芯温度升高，甚至使电气设备无法正常工作。为了减小涡流损耗，在钢中适量加入绝缘材料二氧化硅，炼成硅钢，以增加其电阻率，并将其加工成片状，表面涂上绝缘漆，这样涡流只能在狭小的路径内流动，从而减小涡流损耗。

涡流损耗虽然有害，但也有变害为利的一面，如利用涡流的热效应来冶炼金属，也可以做成电磁炉等感应加热的设备；利用涡流的电磁阻尼作用，可以制成各种电磁阻尼器，以减少运动部件的震动等。

铁芯中的磁滞损耗和涡流损耗之和，都是铁芯中的损耗，称为铁芯损耗，简称铁损，用 p_Fe 表示。

第五节　知识拓展与技能训练

电磁铁是利用铁芯线圈通电，产生电磁力，吸引衔铁动作，带动其他机械装置联动的一种电器。它的应用很广泛，如继电器、接触器、电磁阀等。

尽管电磁铁的结构形式多样，功能各异，但它们的结构基本相同，它们都是由线圈、铁芯和衔铁三个基本部分组成的。工作时线圈通入励磁电流，在铁芯气隙中产生磁场，吸引衔铁，断电时磁场消失，衔铁即被释放，如图 7 - 8 所示。

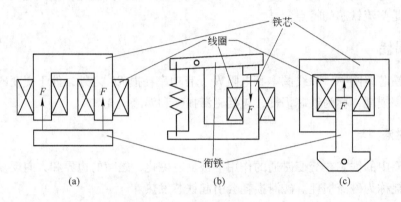

图 7 - 8　电磁铁

电磁铁按励磁电流的种类不同，可分为直流电磁铁和交流电磁铁。

一、直流电磁铁

直流电磁铁的励磁电流为直流。当给直流电磁铁的线圈通直流电，磁铁中产生恒定的磁通，衔铁被磁化，并在电磁力的作用下运动。

可以证明，直流电磁铁的衔铁所受到的吸力由下式决定：

$$F = \frac{B_0^2}{2\mu_0}S = \frac{B_0^2}{2 \times 4\pi \times 10^{-7}}S \approx 4B_0^2 S \times 10^5$$

式中　F——电磁吸力，N；

　　　B_0——气隙的磁感应强度，T；

　　　S——吸合面的截面积，m^2。

直流电磁铁由于是直流励磁，在线圈的电阻和电源电压一定时，励磁电流一定，磁通势也一定。在衔铁吸合过程中，气隙逐渐减小，磁阻也逐渐减小，磁通增大，吸力随之增大，衔铁完全吸合后吸合力达到最大值。由于直流电磁铁的励磁电流为直流，铁芯中的铁耗很小，因此铁芯可用整块软钢制成。

二、交流电磁铁

交流电磁铁的励磁电流是交流，如果交流电磁铁的线圈通入正弦交流电，铁芯中的磁通也按正弦规律变化，设气隙中的磁感应强度为

$$B_0(t) = B_m \sin\omega t$$

电磁铁吸力为

$$f(t) = \frac{B_0^2(t)}{2\mu_0}S = \frac{B_m^2 S}{2\mu_0}\sin^2\omega t = \frac{B_m^2 S}{2\mu_0}(1 - \cos2\omega t)$$

从上式可以看出，最大吸合力为

$$F_{max} = \frac{B_m^2 S}{2\mu_0}$$

个周期内吸合力的平均值为

$$F_{av} = \frac{1}{T}\int_0^T f(t)\,\mathrm{d}t = \frac{1}{T}\int_0^T \frac{B_m^2 S}{2\mu_0}(1 - \cos2\omega t)\,\mathrm{d}t = \frac{B_m^2 S}{4\mu_0} \approx 2B_m^2 S \times 10^5$$

可见，平均吸力为最大吸力的一半。

　　交流电磁铁的吸合力 f 随时间变化的曲线如图 7 - 9 所示。从曲线可以看出，吸合力是脉动的，而且一个周期有两次为零，吸合力的这种变化会引起衔铁的振动，产生噪声和机械冲击。例如电源为 50Hz 时，交流电磁铁的吸合力在一秒内有 100 次为零，会产生强烈的噪声干扰和冲击。为了消除这种现象，在铁芯的端面上嵌装一个封闭的铜环，称作短路环，如图 7 - 10 所示。装了短路环后，磁通分为穿过短路环的 Φ' 和不穿过短路环的 Φ'' 两个部分。由于磁通变化时，短路环内感应电流产生的磁通阻碍原磁通的变化，结果使 Φ' 的相位滞后于 Φ'' 一定的相位，这两个磁通不会同时为零。从而减弱了衔铁的振动，降低了噪声。

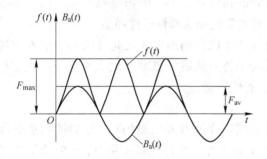

图 7 - 9　交流电磁铁吸力变化曲线

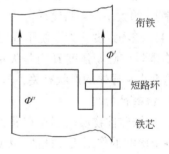

图 7 - 10　有短路环时的磁通

三、直流电磁铁与交流电磁铁的区别

　　如前所述，交流铁芯线圈与直流铁芯线圈有很大不同。

　　直流铁芯线圈的励磁电流由供电电压和线圈本身的电阻决定，与磁路的结构、材料、空气隙 δ 大小无关，磁通势 NI 不变，磁通 Φ 与磁阻大小成反比。

　　而交流铁芯线圈在外加的交流电压有效值一定时，主磁通的最大值 Φ_m 基本不变，磁感应强度 B_m 就基本不变，所以衔铁在吸合过程中，平均吸合力基本保持不变。但是由于吸合前后空气隙长、短不同，吸合前磁阻大，完全吸合后磁阻小，根据磁路欧姆定律可知，因为 Φ 一定，磁阻 R_m 增大，那么只有增加励磁电流 I，所以衔铁在吸合过程中，线圈中的电流是逐渐减小的。如果衔铁因为机械原因卡滞而不能吸合，线圈中就会长期通过很大的电流，会使线圈因为过热烧坏，在使用中尤其应注意。

交、直流电磁铁的特点如表 7 - 3 所示。

表 7 - 3　直流电磁铁与交流电磁铁比较

内　容	直流电磁铁	交流电磁铁
铁芯结构	由整块软钢制成，无短路环	由硅钢片制成，有短路环
吸合过程	电流不变，吸力逐渐加大	吸力基本不变，电流减小
吸合后	无振动	有轻微振动
吸合不好时	线圈不会过热	线圈会过热，可能烧坏

本 章 小 结

本章讨论了磁路基础知识和基本定律、铁芯线圈电路，主要内容是：

1. 磁场的主要物理量

（1）磁感应强度。磁感应强度是描述磁场强弱和方向的物理量，是一个矢量，它的方向即为该点的磁场方向。

（2）磁通。某一面积的磁感应强度的通量称为磁通。

（3）磁导率。反映物质导磁性能强弱的物理量。不同的物质磁导率不同。根据相对磁导率 μ_r 的大小，可将物质分为三类：非铁磁性物质和铁磁性物质。

（4）磁场强度。为了便于确定磁场与产生该磁场的电流之间的关系，引入磁场强度这个物理量。磁场强度 H 也是矢量，磁场中各点的磁场强度 H 的大小只与产生磁场的电流 I 的大小和导体的形状有关，与磁介质的性质无关。

2. 铁磁性物质

（1）铁磁性物质内部存在着大量的磁畴。在没有外加磁场时，磁畴排列是杂乱无章的，各个磁畴的作用相互抵消，因此对外不显磁性。在外磁场作用下，磁畴会沿着外磁场方向偏转，以致在较强外磁场作用下达到饱和（因 $\mu_r \gg 1$）。

（2）磁滞回线是铁磁性物质所特有的磁特性。在交变磁场作用时，可获得一个对称于坐标原点的闭合回线，回线与纵轴的交点到原点的距离叫剩磁 B_r，与横轴的交点到原点的距离叫矫顽力 H_c。

（3）磁滞回线族的正顶点连线叫基本磁化曲线。它表示了铁磁性物质的磁化性能，工程上常用它来作为计算的依据。常用铁磁性材料的基本磁化曲线可在工程手册中查到。

（4）铁磁性材料的 $B - H$ 曲线是非线性的，所以铁芯磁路是非线性的。

3. 磁路定律

（1）磁路欧姆定律：

$$\Phi = \frac{U_m}{R_m}$$

（2）全电流定律

磁位差：

$$U_m = Hl$$

磁阻：

$$R_m = \frac{l}{\mu S}$$

4. 交流铁芯线圈

（1）交流铁芯线圈是一个非线性器件，其电阻上的电压和漏抗上的电压相对于主磁通的感应电动势而言是很小的，所以它的电压近似等于主磁通的感应电动势。交流铁芯线圈所加电压为正弦量时，主磁通的感应电动势可以看成是正弦量，即

$$\dot{U} \approx -\dot{E} = j4.44 fN\dot{\Phi}_m$$

（2）铁芯损耗。在交流铁芯线圈中，除线圈本身电阻 R 上有功率耗损 RI^2 之外，处于交变磁通下的铁芯中也有功率损耗，称为铁芯损耗，包括磁滞损耗和涡流损耗。

1）磁滞损耗。铁芯线圈中的铁芯在交变磁通的作用下被反复磁化，磁畴的边界和方向反复改变而造成的能量损耗称为磁滞损耗。磁滞损耗会引起铁芯发热。

2）涡流损耗。交变的磁通不仅能在线圈中产生感应电动势，而且也能在同样是导体的铁芯中产生感应电动势和感应电流，感应电流在铁芯中垂直于磁通方向的平面内一圈一圈回旋流动，称为涡流。由于铁芯内同样有电阻，当涡流在铁芯内流动时，就会引起有功功率损耗，称为涡流损耗。

习　题

1. 电机和变压器的磁路常采用什么材料制成，这种材料有哪些主要特性？
2. 磁滞损耗和涡流损耗是什么原因引起的，它们的大小与哪些因素有关？
3. 什么是软磁材料，什么是硬磁材料？
4. 已知电工用硅钢中的 $B = 1.4T$，$H = 5A/cm$，求其相对磁导率。
5. 什么叫铁芯损耗，其大小跟哪些因素有关？
6. 为什么变压器的铁芯要用硅钢片制成，用整块铁行不行？
7. 电压相等的情况下，如果把一个直流电磁铁接到交流上使用，或把一个交流电磁铁接到直流上使用，将会发生什么后果？
8. 交流电磁铁在吸合过程中气隙减小，试问磁路磁阻、线圈电感、线圈电流以及铁芯中磁通的最大值将作何变化（增大、减小、不变或近乎不变）。
9. 有一个交流铁芯线圈，接在 $f = 50Hz$ 的正弦电源上，在铁芯中得到磁通的最大值为 $\Phi_m = 2.25 \times 10^{-2}Wb$。现在在此线圈上再绕一个线圈，其匝数为 200。当此线圈开路时，求此两端的电压。
10. 一个铁芯线圈接到 $U_s = 100V$ 的工频电源上，铁芯中的磁通最大值 $\Phi_m = 2.25 \times 10^{-3}Wb$，试求线圈匝数。如将该线圈改接到 $U_s = 150V$ 的工频电源上，要保持 Φ_m 不变，试求线圈匝数。

参 考 文 献

[1] 刘科，刘林山. 电路原理 [M]. 北京：北京交通大学出版社，2007.

[2] 王兆琦. 电工基础 [M]. 北京：机械工业出版社，2011.

[3] 石竹. 电路基本分析 [M]. 北京：高等教育出版社，2000.

[4] 张志良. 电工基础 [M]. 北京：机械工业出版社，2010.

[5] 李传珊，刘永军. 电工基础 [M]. 北京：电子工业出版社，2009.

[6] 储克森. 电工基础 [M]. 北京：机械工业出版社，2011.

[7] 邱关源，罗先觉. 电路 [M]. 北京：高等教育出版社，2011.

冶金工业出版社部分图书推荐